「虹の橋」で逢おうね

愛する動物たちとの再会の時に

イーグルパブリシング

「Rainbow Bridge」は、インターネット上で人気の作者不詳の詩です。
世界中の動物好きの方に愛されて、それぞれの国で翻訳されています。

Rainbow Bridge

Just this side of Heaven is a place called Rainbow Bridge.
When an animal dies that has been epecially close to someone here,
that pet goes to Rainbow Bridge .
There are meadows and hills for all of our special friends
so they can run and play together.
There is plenty of food,water and sunshine and
our friends are warm and comfortable.

All the animals who had been ill and old are restored to health and vigor,
those who were hurt or maimed are made whole and strong again,
just as we remember them in our dreams of days and times gone by.
The animals are happy and content,someone who was left behind.

The all run and play together,
but the day comes when one suddenly stops and looks into the distance.
His bright eyes are intent;his eager boby begins to quiver.
Suddenly,he breaks from the group,flying over the green grass,faster and faster.

You have been spotted,and when you and your special friend finally meet,
you cling together in joyous reunion,neverto be parted again.
the happy kisses rain upon your face;your hands again caress the beloved head,
and you look once more into those trusting eyes,
so long gone from your life,but never absent from your heart.

Then you cross the Rainbow Bridge together...... (auther unknown)

虹の橋

天国へのほんの一歩手前に、「虹の橋」と呼ばれる場所があります。
あなたと愛し合った動物たちは、死ぬとこの「虹の橋」へいくのです。
そこには丘があり、草原が広がり、
かれらは一緒になって走り回って遊びます。
不自由のない食べ物と豊かな水、そして陽の光に恵まれて、
かれらは快適に過ごしています。
病を患っていた子も、年老いてしまった子も、みんな元気を取り戻し、
傷ついたり、怪我をしていた子も、もとの丈夫な身体を取り戻します。
まるで過ぎ去った夢の中の日々のように……。

かれらは幸せに暮らしていますが、
たったひとつ満たされないことがあります。
それはあなたがそこにいないことです。

いつものように走り回っていた一匹が、
ある日突然、足を止めて、遠くを見つめます。
目はキラキラと輝き、身体は喜びにうち震えはじめます。
やがてその子はみんなから離れ、緑の草の上を飛ぶように走っていきます。
そう、あなたをみつけたのです。
ついに出会えたあなたたちは、抱き合って再会を喜び合います。
そして、もう二度と別れることはありません。
あの子はあなたの顔にじゃれつき、あなたはあの子の頭を愛撫します。
そして、あなたの人生から長い間姿を消していたものの、
あなたの心からは一日たりとも消えることの無かった信頼にあふれる瞳を、
もう一度のぞき込みます。

それから、あなたたちは一緒に「虹の橋」を渡ってゆくのです。

(作者不詳)

「虹の橋」で逢おうね　目次

ブックデザイン・表紙装画　中島祥子
コーディネイト　strange days　松原正世
協力　カスヤトシアキ
ボザール・ミュー
喜多哲也

椿の下のポチ

立松和平

立松 和平　*Tatematu Wahei*

1947年栃木県生まれ。作家。
早稲田大学政治経済学部卒業。
在学中に『自転車』で早稲田文学新人賞受賞。宇都宮市役所に勤務の後、79年から文筆活動に専念。
80年、『遠雷』で野間文芸新人賞授賞。
97年、『毒ー風聞・田中正造』で毎日出版文化賞受賞。
行動派作家として知られ、近年は自然環境保護問題にも積極的に取り組む。
2002年3月、歌舞伎座上演『道元の月』の台本を手がけ、第31回大谷竹治郎賞受賞。
近著に、『日高』『浅間』(新潮社)
『下の公園で寝ています』(東京書籍)
随筆に『法隆寺の智慧　永平寺の心』(新潮社)
『沖縄　魂の古層に触れる旅』(ＮＴＴ出版)
絵本に『川のいのち』『田んぼのいのち』(くもん出版)
『酪農家族1，2，3』(河出書房新社)がある。

ポチが我が家にやってきたのは、私たち家族が宇都宮郊外の建売り住宅団地に暮らしている時であった。真っ赤な首輪をつけた、スピッツの血のまじっている白っぽい犬である。自分の身にどんなことが起こったのか掌握していない犬は、あっちの家こっちの家で餌をねだっては恐がられたり、追い払われたりしていた。

私は勤めていた市役所を退職し、小説家としてペン一本の暮らしをはじめたばかりで、妻と二人の子供と暮らしていた。取材と称して私は出かけることが多く、留守がちの家に番犬をほしいと思わないこともなかったのだが、犬を飼いはじめると一生の付き合いになる。子供の頃に犬を飼ったことがあるので、毎日の散歩やらをしなければならないことがたくさんあると、よく知っていた。そんな私の考えがわかっている妻は、正面きって犬を飼いたいとはいわなかったが、ひそかに残りものなどをやっていたようである。

その時、我が家では猫を飼っていた。誰かが捨てたのだろう、母子の猫がまわりをうろつき、餌をやるとなんとなく居つくようになった。何かの事情が発生したのか不意に母猫が姿を消し、子猫だけが残された。ベランダの下に箱のはいっていたボール紙の箱を置くと、夜はそこで眠るようになった子猫は、チビと名づけられた。それから数カ月後に、近所の子が茶虎の子猫を抱いてきて、チビの子ではないかといった。チビはまだ子供だったし雄猫だったのだが、その茶虎の子猫をミーコと名づけて飼うことにした。

そんな頃に野良犬が近所をうろつくようになったのだ。私が小さな旅行から帰ってくると、犬は庭に居ついていた。妻と二人の子供の間には、その犬に関して秘密があるようだった。私が犬に対してどのような態度をとるか、三人は息をこらして待っているようなのだ。

ポチとミーコ

翌日遅く起きた私が朝食を食べ、食べ散らかした鯵の開きの骨と皮とを庭の犬にむかって投げた。犬は一瞬にしてそれを食べる。

「お父さんが餌をやった」

じっと私を見ていた子供が勝ち誇ったようにいい、妻も同じことをいう。こうしてこの犬は我が家の生涯の伴侶となったのである。みんなで名前を考えたがまとまらず、最も平凡なポチということになった。捨てられる前にはそれなりの暮らしがあり、別の名前もあったのだろうが、ポチと呼ぶとその犬は嬉しそうに尻尾を振った。

若くて元気のいい犬で、散歩が楽しみになった。散歩コースはいくらでもあった。まわりは草地ばかりで、里山がたくさんある。雑木林に放してやると、全力疾走で駆けまわり、ポチと呼ぶと戻ってくる。

ポチは気持ちのやさしい犬であった。犬でありながら猫のミーコの面倒をよく見て、犬小屋でいっしょに眠った。

雄犬のポチは、発情期になると苦しそうで、いつの間にか家を脱出して近所の雌犬を妊娠させたりした。五匹生まれた子のうち二匹は団地の人に引きとられたが、残りは処分しなければならなかった。そんなことがあって、家で飼うには去勢をしなければならなかった。ポチの年齢がわからないと私がいうと、獣医はこういった。
「歯を見るかぎり、推定年齢は二歳ぐらいでしょう」

娘が小学校にはいる折、私たち一家は東京に引越すことにした。妻の母親が東京で一人暮らしをしていたので、同居することにしたのだ。息子は小学六年生で近くの小学校に入学するとして、問題は犬のポチと猫のミーコのことである。生活環境は激変することになる。犬は人につき、猫は家につくという。空気の悪い東京にいって、ポチは長生きしないのではないかと思われた。

家につくはずのミーコは自由自在にふるまい、近所のマンションに出入りした。野良猫を拾って家にいれると、それが気にいらなかったとみえ、私たちの家には戻ってこず、マンションの人に飼われるようになった。近所でポチの散歩をするため歩きだすと、ミーコがどこからともなく現われ、ロープにつながれたポチを嘲笑うかのように近づき、隣家の植込みの中にはいっては自由を誇示するようにまたでてきて、散歩に寄り添ってくるというふうであった。

そのあたりは都市の再開発が急激におこなわれているところで、いつの間にか古家が壊されて更地になっている。そこにたちまち雑草が繁り、都会の真ん中に原っぱが出現した。草の種は空から飛んでくるのか、何十年も地中で耐えているのか、その生命力には驚愕する。不意に甦った小さな自然に、ポチは案内してくれた。人工空間である東京も、実は大自然の力に包囲されているのだと、私は安心感とともに認識する。ポチが教えてくれたことだ。

犬の時間と人間の時間とは違う。犬の年齢の計算のしかたは、まず一年で十五歳となる。その後は一年で四歳ずつ年をとっていくとされる。我が家に迷い込んできて十五年経った頃、どうしたわけかポチの左の股が大きく腫れ上がり、見るからに痛々しくなってきた。身体を傾けないと歩けないのである。

すでに行きつけになっていた近所の犬猫病院に連れていくと、癌の宣告を受けた。放っておけばどんどん増殖していくというので、即刻切除手術をした。その時のポチの推定年齢は、人間に換算しておよそ七十二歳ということだ。

それまでに我が家には数多くの猫が出入りし、交通事故や寿命や病気で去っていった。全部が拾ってきたか、野良である。狭い庭は猫の墓だらけだ。無限の機会があるだろうに我が家にきたのも何かの縁だと思い、どの猫も死ぬまで飼ったのである。

　ミーコもいかにも老猫となり、ごくたまにしか姿を見せないようになった。ある日近所の会社の人が車をバックさせて猫を轢き殺してしまい、向かいの公園に埋めたという話を妻が聞きつけ、埋葬したところを新しい飼い主と掘り返した。新聞紙に包まれ浅いところに埋められた猫は、果たしてミーコであった。ミーコは我が家の裏に埋め直した。

　ポチは老い、外につないでおくのが哀れな様子になった。そもそも外で飼って

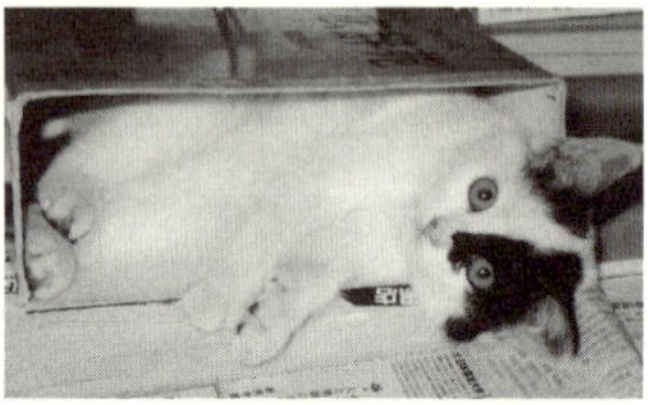

我が家に集まった猫たち

きた丈夫な犬なのだが、三畳間ほどの玄関で飼うことにした。玄関と家族が団欒する居間の仕切りは、曇りガラス戸が一枚だ。ポチは淋しがりやなので、ガラスの向こう側に人の気配があると、鼻を鳴らしたり騒いだりした。戸の隙間から猫たちが自由に出入りするので、時にはポチは開け放たれたガラス戸の間から汚れた身体で居間にはいってきたりした。

居間に誰もいなくなるのを見はからっては、ポチは居間の奥にある台所のところまではいってきて、猫の餌を食べた。踏んばりがきかなくなっていたので、その姿を見つけて叱ると、あわてて転んだりした。罪悪感もあったのだろう。

数えてみると、ポチが我が家にきて十六年が経っていた。子供たちは二人とも大学生である。ポチはあんなに好きだった散歩をいやがり、連れ出してもすぐに帰りたがった。玄関の古い座蒲団の上で眠っていることが多くなった。ポチの推定年齢は十八歳で、人間なら八十四歳である。全体に肉が落ちたので小柄になり、鼻の横の髭もなくなり、毛は艶を失い白っぽくなっていた。白内障が進行してきて、瞳も白く濁ってきた。

ポチの右の股が再び腫れ上がり、よぼよぼした歩みになった。いつもの犬猫病院に連れていくと、癌の再発の宣告を受けてしまった。治療をするとしたら切除手術なのだが、無理にするとポチは歩けなくなってしまうかもしれないと獣医はいった。癌の進行は老いているので遅い。手術をしないほうが、あるいはポチは幸いかもしれない。老医師に親切なアドバイスを受け、妻と私はすっかり弱ってしまったポチを、毛布に包んで抱いて帰ったのだった。

ポチはほとんど寝ているようになった。食事を持っていくとやっと起き上がり、食器に顔をいれて食べる。全部食べることもなくなり、切り上げて座蒲団の上の寝床まで帰る途中で、腰がへたって動けなくなってしまうこともあった。自分で自分がふがいないとばかりに、ポチは鼻声をだした。そんな時はポチを毛布で包んで持ち上げ、寝床まで運ぶ。足が地面から離れるという感覚に馴染まないのか、ポチは助けを求めるようにして妻の手を噛む。それでも妻は手を放さない。私も抱いて噛まれたことがあるが、驚いてポチを投げだしてしまった。歯のない口で噛まれても痛いはずはないのにと妻は私を怒るのだが、私とすれば犬に噛まれるのはやっぱり恐ろしい。

かつてのポチはなんでも食べ、眠っていても何かの気配があるとすぐに顔を上げて唸った。四六時中寝ているようになったポチは、少しぐらいの物音では身体を起こさず、目も開けなかった。何かの夢を見ているのかにやにや笑っているような顔を、私は前にしゃがんでしばらく見ていることがあった。

　妻は時間を決めてポチを抱き上げ、子供にするように両脚を開いて小便をさせた。ポチも妻の気持ちがわかるのか、なんとか身体を振り絞って、黄色い小便をほんの少ししょぼしょぼとした。丸薬のような固くて黒い糞をぽとりと落とす。義母もポチの世話をしたのだが、妻のようにはできない。私などは持ち上げようものなら手をがぶりとやられ、ほうり投げられたポチが悲鳴を上げる。するとまた私は妻に叱られるのであった。

　ポチは見るからに軽そうになった。身体が薄くなってきた。一度抜けた毛はもう生えなくなり、薄い毛の隙間から老犬っぽい皺だらけのピンクの肌が透けて見えた。持ち上げられて小便をするのが、ポチにはつらそうだった。人間によくあるプライドなどというものではなく、本当に身体がきつかったのだろう。妻は老人介護用の紙おむつを買ってきて、横たわるポチの腰の下に敷き、くるんだ。親たちの介護の練習問題をしているように、私は感じた。天気のよい日には、全身が小便臭くなっているポチを洗い、ドライヤーで乾燥させた。手間をかけさせて、ポチはつらそうな目をしていると、私には見えたものだ。

まわりにマンションのビルが建てられていくにしたがい、近所にいくらでもいた野良猫の姿がめっきり少なくなった。路地もなくなり、ゴミも管理され、まわりはいつでも移っていく住人で餌をくれる人もなく、野良猫の生息環境がどんどん失われていったのである。野良犬はとっくに姿を消していた。空地もなく、餌をくれる人もなくて、野良犬は生きる余地がなくなっていた。田舎から連れてきたのだとはいえ、ポチは野良犬の自由な栄光をになう最後の犬かもしれなかった。

だが時は容赦なく迫っていたのだ。何でも食べる健啖家《たんけんか》のポチが、何も食べなくなってしまった。大好物の牛の生肉を鼻先に持っていってやると、ようやく一枚は食べた。口に放り込んでやった氷の欠片も、氷の溶けるのをそのまま待って啜った。やがて牛肉を鼻先に突きだしても迷惑そうに顔をそむけ、白内障のため見えるか見えなくなった目を悲しそうに目蓋で包んだ。

三月で、風は寒かった。居間と玄関の仕切りのガラス戸を開け放ち、妻と私とは眠るポチを見ていた。与える食物を完全に拒否してから、一週間がたっていた。その当時我が家には三匹の猫がいた。猫たちは自分の身体が完璧に動くことを誇示するように、ポチのまわりを動きまわった。ポチの上に寝そべる猫もいた。ポチとの最後の別れをしていたのか、動けなくなったポチを下に見ていたのかはわからない。私はポチの首から首輪をはずした。

「今夜あたりね」

ここまで親身になってポチの世話をしてきた妻が、静かに預言した。せめて生きている間はいっしょにいてやろうと、私は傍らでウィスキーを飲んでいると、過ぎ去った出来事などがつい昨日のことのように甦ってきた。ポチと暮らしはじめてから、十八年もの歳月がたっていた。年日のたつのはなんと素早いのだろう。ポチは推定年齢二十歳で、人間の年齢に換算すると九十二歳である。

ポチとは十八年もともに過ごしたのである。人生にとって、十八年は決して短い時間ではない。子供たちは大学院と大学の学部に籍を置いてはいたが、それぞれの道を歩きはじめていた。この家に取り残されているのは、義母と、私たち夫婦だけになっていた。そしてまた家族の一員であるポチが、今や永遠に去っていこうとしている。

「君はよく世話をしたな」

献身的といってよい世話をした妻に、私はねぎらいのつもりで言葉をいった。

「放っておけないもの」

「君が死んだら、お母さーんっていって、あの世からポチが三途の川の渡し場まで尻尾を振って迎えにくるよ。もう安心だな」

「何が安心なの」

「はじめていくあの世で、道に迷わないよ。安心して死ねるな」

「そうね」

　こんなとりとめもない話をしながら、私たちはウィスキーを飲んだのだった。ポチは横たわり、腹をふくらませて弱々しく息をしている。その息がいつ止まるかわからない。妻はポチが今夜のうちに死ぬと確信しているのだが、午前二時にもなったので、明日のある私たちは眠ることにした。

　夢か現なのかわからないのだが、明け方頃、ポチの人間のものではない悲鳴を妻は聞いた。ポチの最期の悲鳴か、猫の声か、どちらかであった。あれはポチの臨終の声に間違いないと、妻は私にいった。きっとポチが妻に最後の別れを告げたのだろう。私はなんの声も聞かず、ただ眠っていた。朝起きて見ると、ポチは冷たい身体を硬直させていた。

　ポチを庭に埋めた。その上に植えた椿の木は、毎年大きくなっている。

しげとみのこと

畑尾洋子

畑尾 洋子　*Hatao Yoko*

1995年より香港にて、画家一啓氏（サロン・ド・バーグ所属）に師事し、本格的に油絵を始める。

2000年、香港中華文化促進中心にて、初の二人展を開く。

帰国後、15年間生活を共にした愛猫の大病を期に、水彩とパステルを使った手法で猫の絵を描き始める。

2002年より毎年、銀座の猫専門ギャラリー“ボザール・ミュー”にて、個展。

STRAY CAT'S DIARY
http://www4.ocn.ne.jp/~shige-17/

私は、一年の中でどの季節が好きかと聞かれたら、何の迷いも無く秋・冬と答えます。空気の中にかぐわしい秋の香りを感じた途端、私は全神経を集中させて、心ゆくまで楽しもうと活動を開始します。

ところが数年前、突然のぎっくり腰のために秋本番の貴重な数日間を棒に振るという悔しい体験をしました。

それまで、友人との会話の中に何度となくでてきた〝ぎっくり腰〟。いくら〝つらかった〟だの〝死ぬかと思った〟だのいわれても、心なしかコミカルな、そして風邪と同じぐらいポピュラーな響きを持つこのものの、思いもよらぬ力量の凄さを、私は全く理解してはいなかったのです。

激痛のため、身体を動かすことも出来ずに木偶の棒と化して床にころがったままの数日間、私はその実力を思い知り、今までぎっくり腰の恐怖を熱弁し警告してくれたにもかかわらず、私の〝かっこ悪！〟の一言に撃沈した同年代の友人全てに頭を下げて詫びたい気持になったものです。

ぎっくり腰のように、肉体的な苦痛を伴うものは、経験したかしないかで、それについての理解度はほぼ二分されるのではないかと思います。もちろん程度の差や感じ方の差はあるので、それ程簡単な話ではないかもしれませんが。ただこれが精神的なこととなると、それはもう同じファイルに分類できるものは何も無い、というぐらい千差万別でしょう。

〝ペットロス症候群〟という言葉、最近ではそれほど聞き慣れない言葉ではありませんね。〝ＰＴＳＤ〟や〝トラウマ〟といった言葉のように、専門的な場でのみ生きていた言葉が、世の中に認知され、気が付いたら〝二日酔い〟や〝おたふく風邪〟レベルの頻度で私達の日常会話に顔を出している事がありますよね。〝ペットロス症候群〟もそういった言葉の一つではないかと思います。

ここ数十年の間に、ペットと飼い主の関係は微妙に変わってきて、今までは愛情を分け与えるための、動くぬいぐるみとして存在していたペット達が、今では人生のパートナーとして、親や子や夫や妻や親友の役割全てを引き受けてくれているように思えます。

人間同士のぎくしゃくした鈍くきしむ音に恐怖を感じ、思ってもみなかった辛い部分に後ずさりする人達が　今まで人間関係の中に求めていたものを、ペットたちに求めるようになったからかもしれませんね。

ペットとの関係が親密になればなるほど、失った時の傷は大きく、その悲しみは、まわりの想像をはるかに凌ぐスケールで深く、複雑なトンネルを作り出し、飼い主は一瞬にしてそこに一人ぽつんと取り残されてしまうのです。


私は仕事柄、ペットの肖像画のご依頼を受ける事がよくあります。そして、その半数以上がすでに亡くなってしまったペットの思い出として、"何か残したい"という方からのご依頼なのです。

私は、絵のモデルとしてペットを見る場合、その内面には触れず、あくまでも私自身の物語の中にその子達の姿を遊ばせる、という気持で絵を描くので、その子が雄か雌かさえ聞かずに描くことの方が多いのです。ただ肖像画の場合は別で、可能な限り、その子がどんな子だったか、飼い主さんとの、出会いから始まる物語を聞かせていただくことにしています。

亡くなったペットの思い出をお聞きする場合は、どうしても楽しい話ばかりではなく、辛い時期を思い出してしまうことになります。そして伺う話のどれもが大変個人的で、それはこれから何度も自分一人で訪れる、優しく懐かしい場所だ

しげとみと、その肖像画

ということ。私はそこに招かれた、あくまでも客人なのだということをいつも感じます。

ただ、冷たく重く固まった心の何かを、ただ見上げるだけで、暖かく溶かしてくれた奇跡の瞬間の事は、私も知っています。

フワフワの身体を摺り寄せて、〝私は大丈夫なんだ〟って気付かせてくれた、その瞬間の事、私も知っています。

介護や看病を重ねる辛い日々にもニコッとする瞬間がある事を、そして、愛するペットを失うかもしれないと思った時、心臓を鷲づかみにする爪が不気味な色を帯び、停止した時間が自分の体温と共に温度を下げていき、遂には冷たい殻になって自分を包んでしまう、その感覚を、私も知っています。

我が家には、今年で十九歳になる猫がいます。名前は〝しげとみ〟、通称〝しげ〟。十九年前にこの子を飼いはじめた時、私はカナダに住んでいたので、この名前を言う度に、

「それは日本の有名なサムライの名前なの?」

と聞かれたものです。はじめの頃は、

「いや、そうではなくて……」

と説明していましたが、だんだん面倒くさくなってしまって、

「そうです。日本人なら誰でも知っています」

と言い続けました。だいたいこの名前、私が付けたのだから自業自得ではあるけれど、相手が日本人だとしても、ほぼ間違いなく、

「何、それ?」

と聞かれる厄介な名前。日本人相手にはさすがに歴史上の人物説は持ち出せず、かといって説明のしようがないのです。初めて出会った瞬間に、頭の中で"この子の名前はしげとみ、連れて帰る"と指令が下っただけで……。

一瞬の出来事でした。

私は、子供の頃からいつも何となく猫と一緒に暮らしていたような記憶がありますが、その頃の猫たちは、ご飯を食べさせ、具合が悪そうだと看病し、一緒に寝ていたにも関わらず、ペットではなく、近所に住む遊び友達といった感じでした。自由気ままな風来猫達で、多分五つ以上の名前を使い分け、その日の気分で飼い主を見繕う、根性の座ったタフな奴らでした。

今までよく遊びにきていた猫がふといなくなり、どこかで仔猫が産まれ、縄張り争いの空気が流れ、遊びに来る猫が変わる。そんな中で、何匹かの猫達の死の予感はあっても、逞しく、豊かに、それぞれの生き様を背負っていなくなった彼らの死は、子供心にも悲しみより〝あっぱれ〟と拍手を送りたいほどのものだったように思います。

ただ私としげの関係は、そうではありません。

生活を共にする家族やペットに対する感情というのは、人それぞれ違いますし、人間と動物を同じレベルで考える事はナンセンスだと言う人はたくさんいるでしょう。ただ、十年以上生活を共にしてきたしげは、たとえば、十歳になる息子と同じ基準で考える事は出来ないけれど、全く違う基準で、子供達と同じだけ大切でいとおしく、静かな幸福に満ちた存在なのです。

しげは、カナダから帰国する際に空港で〝これは、猫ではなくてアライグマだ〟と途方もない言いがかりをつけられたほどの、がっしりでっかいたぬき猫です。が、その割に今までに何度も大病をし、手術も経験してきました。そしてその度に、

「症状が出難い子だなあ」

Triple Wow and Gold Alert
Mack Lobell trots record mile
Top driver Kerwood's on track
for his best racing season ever

と言われました。身体の異変が症状に出難い、病気がちでしゃべれないたぬき猫と暮らすのはなかなか緊張するものです。

数年前、私がしげとの別れを覚悟したその時も、家族の誰も気が付かないほど、全くいつもと変わらない様子だったしげの、何かに違和感を感じて、軽い気持で病院に連れて行き、そのまま入院させる事になってしまいました。胸に水が溜まり心臓と肺を圧迫していたのです。原因も積極的な治療法も分からないまま、次の日には危篤状態になってしまいました。

夕方連絡をもらい、信じられない思いで子供達と一緒に病院に駆けつけました。しげは酸素呼吸器の中にいたので、身体を撫でてやる事は出来ませんが、たくさん話かけてやることは出来ました。余りの衰弱振りに、次の日まで持たないと思いましたが、一晩中、常に全員がその変化に注意していられるように、病院中にスピーカーでしげの心音を流し続けて見守ってくださった先生方の努力と、子供達の励ましが効いたのか、何とか持ち直すことが出来、次の日、夫と共に今後の見通しについて先生と話し合い、しげの長い闘病生活が始まりました。

ただ、〝別れ〟という思いは、常に頭の中にありました。

野生の動物は、自分の死を感じたら、群れを離れていなくなると聞いたことがあります。近所をうろつく野良猫達の、交通事故以外の死に出会った記憶もないように思います。

でも、しげは違うから。しげは、畑尾さん家のたぬき猫だから。

最期の時には、私達家族に囲まれているのが、彼にはふさわしいと思っています。

最期の時、しげの耳に聞えるのは、私達家族の声、いつもの足音、しげのことが大好きで、ずっと一緒に暮らしてきて、これからもずっと一緒にいたいと思っている人達が出す幸せな音でなくちゃいけないと思っています。

しげの一生で、もしかしたら経験するはずだった山のように楽しい事。

野山を駆け回ったり、バッタや小鳥を捕まえたりする生活を一方的に奪ってしまい、自由とは無縁の生活を強制したからには、最期の時はしっかりと側にいてやるのが私の義務、そして、しげの生き方を決めた私自身への最大の言い訳だと思ってきました。

毎日病院に通い、惨めに弱っていくしげを見ながら、もし今夜知らない動物の檻の隣で、知らない人達ばかりの部屋で、この医療器械に囲まれて死んでしまったらどうしよう、という恐怖に身を硬くしながら、それでもほんの少しの望みでもあるなららと、病院に残して帰る、しげにとっても、私にとっても、辛い時期を過ごしました。

私はしげの死よりも、その時側にいてやれなかったらどうしようという思いに、一番恐怖を感じていたと思います。

午前中病院に行き、夕方学校から帰ってきた子供達に様子を話し、時には子供達ともう一度会いに行き、夜は夫が様子を聞くといった毎日が続き、家族が普通に元気に、しげのいない生活を送っている中で、いつも歩き慣れている階段の段差が違うような違和感というか、苛立ちというか、そんな感情の存在を無視していたわけではありません。

入院生活も十日ほどが過ぎた頃、しげの悲しそうな様子、病院にいるからといって何かが目覚しく快復しているわけではないということを考え、これ以上は無理だと思い、家に連れて帰りました。

十二時間おきに五種類の薬を飲ませ、ご飯も水分も無理やり喉に押し込み、数日おきに浣腸をし、呼吸の様子を見、夜中の三時にしげが吐きそうになったらその五秒前には目が覚めて受け止めてあげられるようになりました。

その頃の、私自身の外出欲や睡眠欲の捨てっぷりは、双子を産んでガムシャラに育てていた頃以上だったように思います。

地味で静かで不安な毎日でしたが、身体を拭いてあげている時に、目が合ったりするととても幸せな気分になって、もし何かあったとしてもこれが一番良い方法なんだと思え、迷いや苛立ちはすっかりなくなりました。

それに、ほんのちょっとした当たり前の事、たとえば自分でお水を飲んだとか、朝、私のところに歩いて来たとか、そんな些細な事で、自分がどれだけ幸せになれるか、普段とてもがさつな子供達がしげにたいしてみせる奇跡のように優しい心遣いに、どれだけ心が暖かくなるか、そんな事に気付きながら、何だかどこかに忘れてきた幸せの原石を、しげが持って帰ってきてくれたような気がしました。

いつか来る別れの時を思うと、辛く切なく、このままその日が来なければいいと思うけれど、それを避けるために、この子との出会いをなかったことにしたいとは思いません。何年もかけて私たちが作り、そこら中にばらまいた幸福の欠片を全部かき集めて永遠に私の宝石箱にしまっておくためにも、最期は私がしっかりと見守り、受け止め、感謝を込めて送ってやろうとそんな風に思っています。

酒と犬の日々

鴨沢祐仁

鴨沢 祐仁　*Kamosawa Yuuji*

1952年、岩手県生まれ。岩手大学教育学部特設美術科中退。
1975年、マンガ雑誌『ガロ』にてデビュー。マンガ家、イラストレーター。
マンガ作品集に『クシー君の発明』（パルコ出版）
『クシー君の夜の散歩』（河出書房新社）
『クシー君のピカピアな夜』（青林堂）
イラスト作品集に『三日月国のレプス君』（河出書房新社）
『かわいいしっぽのペロくん』（青林堂）がある。

１９９９年８月31日（火）　快晴

ペロ君下痢。全然食べない。生ハムもローストビーフも駄目。夜、チーズを買ってきてやると、ほんの少し食べる。

９月１日（水）　快晴後曇り

不眠。ペロ相変らず全く食べず。心配で堪らないが、自分の検査結果の出る日なので行かなくてはならない。ふと思いつき三脚を立て、ＥＯＳ　ｋｉｓｓで寝ているペロの傍らに横たわりツーショット撮る。

勿論クーラーつけっぱなしで、子育て地蔵尊と九郎明神社には何時もより入念にお祈りして病院へ。五月台の駅から山がすっきり見える。何時もより流れが澄んでいるので、大栗川で病院の写真撮ろうとしてリモコン落とす。欄干の下の桁で川に半分身を乗り出した形で奇蹟的に止まる。こんな軽いリモコンが弾みもせずにこんな危うい体勢で止まるなんて、ペロも一命を取り止めるという神の啓示のように思える。検査結果はコレステロール値がまた上がり、膵臓も弱っていると。他の値は許容範囲。

新宿へ出、ヨドバシへ（何の用か忘却）。近くの手芸屋の店先で小さなアヒルの編みぐるみが目に留まり、ペロのアクセサリー用に（ペロはもう首輪も負担で外しているほど衰弱しているのに）とワンちゃんの顔形の財布買う。

ビブレで牛肉タタキとササミ買って帰る。

タタキ少し食べてくれたので、いくらかほっとする。しかし、トイレ無し。今夜からキャンプ用のマット出し、ペロちゃんの横に添い寝しようかと考えていたが、取りあえず少し食べたし、明日は往診もあるし、ペロも眠っているしで明日からと決め、10時半、自分も早めに就寝。

9月2日（木）　晴れ

朝5時、トイレに起きると、ペロ君しっかと（そう感じられた）立ち上がり、じっとぼくを見詰めている。ペロ君もトイレかなと考える。しかし、自分の用を済ませトイレから出ると、何事も無かったように布団に横たわっている。よく眠っているように見えたので、そっとして、自分も二階に上がり寝直す。

7時起床。ペロ君も目覚めている。クーラーつけ、ササミあげると3切れ食べた。自分から立ち上がり、水を飲み、玄関の方へ。すかさず抱っこして外へ。大工さんちの前の日陰にそっと降ろす。おしっこと少量の排便。下痢ぎみ。しんどそう。直ぐ抱っこして戻る。水を飲み、直ぐに布団にへたり込む。片方の座布団の上に寝かせ、いつもの様に一方の布団カバーを取り替える。急にペロ君の息が荒くなる。ハッハッハッと苦しそう。どうした？　と新しいカバーの座布団にそっと移そうとしたら、ペロ君はぼくの手の内で頭をかくっと垂れた。小さな頭が重い。呼吸が止まっている。胸に耳を当ててみる。鼓動が聴こえない。もう一方のカバーも替え、2つ並べた上に、あらためて静かに横たえる。半開きの目蓋。指でそっと閉じてやる。垂れた舌も口の中に納めてやる。ユカリにもらったタオルケットを掛ける。キヤノンレンズのような碧の水晶体が深い光を湛えたままだ。赤いバンダナの首輪を着け、昨日買ったアヒルの編みぐるみを結わえてあげる。

病院に電話。何度もペロ君を送迎してくれた看護婦さんが出る。経緯を話し、

「ペロが呼吸してないんですけど、死んでるのでしょうか？」

と訊ねる。自分では冷静なつもりだが、

「鴨沢さん、しっかりしてください。大丈夫ですか？」

と何度も言われる。ドクターが出勤したら直ぐ向かわせるので、待って居て下さいと。火葬のパンフレットも持って来てくれると。

ペロ君を撫でる。暖かい。肛門が弛緩したのだろう、お尻から便が流れている。しっぽを持ち上げ、メリーズおしり拭きで何度も何度も丁寧に拭う。ワンちゃんの財布におやつを持たせてやろうと一緒に胸元に置く。ビスカル、ササミジャーキー、その他。ペロは未だ温ったかい。

カーテンを開ける。朝の光の中にペロがいる。三脚を立て、レリーズを使い、自然光でペロを撮る。花が無い。庭に出る。朝顔が盛んに咲き誇っている。一番きれいな一輪を手折り、ペロの両掌に持たせるように添える。忽ちEOSのフィルム使い切る。今度はIXEで写す。見る間に朝顔が萎えてゆく。

ドクターは未だ来ない。ペロを撫でる。頭を撫でる。冷たい。でも、タオルケットの下の胴体は充分温ったかい。目蓋の隙間から覗く瞳は宇宙のように何処までも澄んでいる。蘇生するのではと思う。

11時、ドクター到着。ペロの胸に手を当て、マグライトで瞳孔を調べる。

「残念でしたね」

と言う。やはり駄目なのだ。ペロは死んだのだ。霊園のパンフレット見せ、色々説明してくれるが頭に入らない。個人葬か合同葬かだけ、お金が無いので合同葬に決める。ドクターはぼくが動揺していると見て取り、自ら霊園に電話してくれる。今日中に引き取りに来てくれるとのこと。ドライアイス等無くてもよいか訊ねると、クーラーつけてれば1日位大丈夫とのこと。ドクターが用意してくれた段ボールの棺にペロを納める。さっきまで縫いぐるみの様にくたっとしてたのが、もう手脚がつっぱって固くなっている。ドクターに手伝ってもらう。おやつも財布に詰め一緒に入れる。来てもらって本当に良かったと思う。蓋は自分で閉めるからと伝え、今までお世話になった礼を言う。

ドクターが去り、棺の中のペロもIXEで撮り、後はずっと傍に付き添う。ずっと見詰め、ずっと、頭を胸をお腹を手脚を背中をしっぽを撫でる。何度も何度も。ペロはペロで有ってペロで無い。可愛らしいお人形さんのようだ。涙が溢れる。しかし、それが悲しみなのか、分からない。

昼休みのKYONちゃんから電話。動揺しないようにと前置きし、ペロの死を告げる。電話の向こうで泣いているのが分かる。ぼくは大丈夫だからと伝える。

霊園から電話が有り、意外に早く1時半、引き取りに来る。段ボールの蓋を閉じ、ガムテープで止める。胸が張り裂けそう。霊園の人が領収書（?）渡し、納骨が済んだら葉書で連絡すると言う。そして、ペロを乗せたワゴン車が走り去るのを手を合わせて見送る。

何時ものようにカバー洗濯。撮ったばかりのポジ、新宿のヨドバシまで現像に出しに行く。他に用も無く、真っ直ぐ家に戻る。悲しいのか、未だ分からない。まるで夢を見ているようだ。

夜、心配してＫＹＯＮちゃんが駆けつけて来てくれる。

秋の朝死し犬の身の温さかな

朝顔の死し犬の掌に萎へにけり

以上は、ペロを亡くした日までの3日間の日記をここに書き写したものだ。死因は乳癌だった。

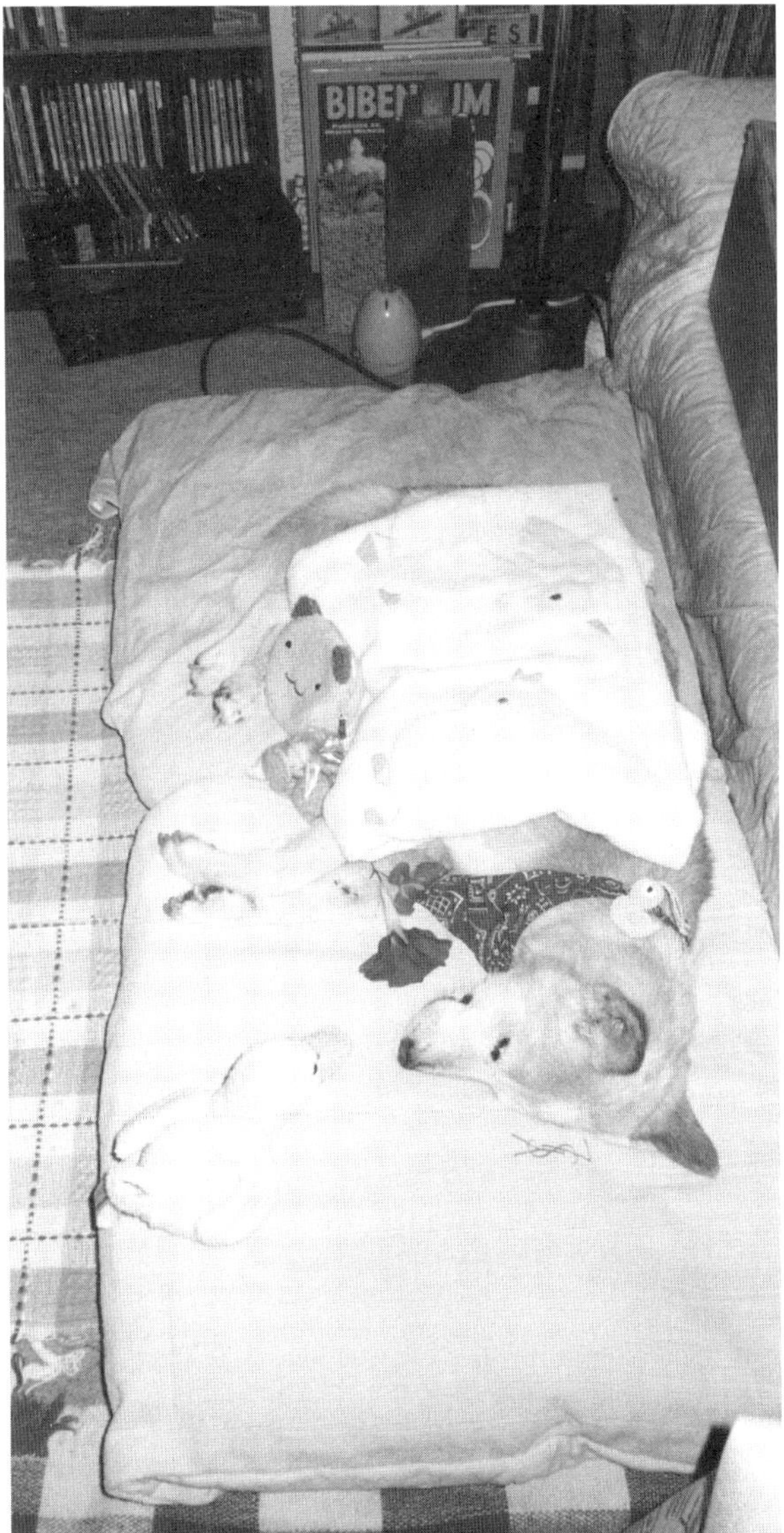

最初は95年に遡る。

95年の暮れ、何時ものようにペロの散歩をしていた時のことだ。公園のベンチにペロをお座りさせて、ぼくも横に並んで座り、おやつのビスカルをあげていた。ペロはいつも通り美味しそうに食べ、ぼくも嬉しくなってペロの身体を撫でた。その時、一瞬ぼくの心臓が凍った。ペロのおっぱいにしこりを発見したのだ。大きめの梅干し大のしこりだった。何故今まで気付かなかったんだろう。ペロの身体は毎日撫で回して遊んでいたのに…。

兎に角、かかりつけの動物病院で診てもらう。先生は乳腺腺腫の可能性大と言う。しかし、単なる乳腺炎の希望もあるとのこと。取り敢えず4～5日抗生物質を投与して様子を見ることに。

ペロの様子に変わりは無く、1日3度の散歩もこなし、食欲旺盛。至って元気。しこりに触れても、痛がる様子は見られない。ペロ自身、しこりは全く意識していない様子だ。

けれども、決断しなくてはならない。切るかどうか。このままでは腫れは大きくなる一方。しかも、もし悪性だった場合、手遅れになる可能性も。ペロには可哀相だが、切ることに心を決める。

12月19日、愈々手術。何時もの散歩を装い、ペロを病院へ。

「がんばってね」

と声を掛けるのが精一杯で、僕自身は不安で押しつぶされそうだった。夜、動物病院に電話。膣の近くまで切った由。更に左にも小さな腫瘍発見、それも含めて発見しうるものは全て取ったと。ペロは麻酔から覚めぼんやりしていると。

その後、安静のため退院の日まで面会出来ずずっと不安だったが、年も押し詰まった30日、漸く退院に漕ぎ着ける。迎えに行くと、17cmほどの手術跡は痛々しいが、思っていたより、覚悟してたより、遥かに元気。診察台の上から頻りにぼくの顔を舐める。手術自体は成功だった。翌日31日大晦日。ペロはもう、普通に散歩をこなし、普通にドッグフードを平らげる。ぼくはペロを相手に晩酌し、しみじみとペロの無事を喜んだ。

96年1月12日、ペロ抜糸。正式には乳腺腺腫で良性。境界線は明瞭で湿潤性は認められず。ただ、病理検査の結果、一部に悪性化傾向も見られたとの由。その「一部悪性化傾向」との一言に、ぼくはショックを受ける。何故ならそれは「癌」を意味するからだ。

ペロが我が家に来たのは86年。ゲージでもバスケットでも無く、手提げの紙袋に入って電車でやって来た。紙袋の底で丸くなって昏々と眠る小さな小さな毛玉にこんなにも夢中になるとは思いもよらなかった。

ペロは尖った口吻、立耳、差尾、といった特徴を備えた日本犬。チャームポイントは（顔は当たり前なので省くと）3つ。手、耳、しっぽだ。お手をする手。塀から顔を出す時、前に垂れる手。骨を器用に挟む手。飛びついて戯れる手。ピンと立て、正確に音源に方向を定める耳。撫でられて嬉しいと、震えるように後になびく耳。遊び相手に対峙して、左右に開く耳。叱られて、塞ぐように垂れる耳。得意そうに立てて、歩みと一緒に穂先だけゆらゆら揺れる絶好調時のしっぽ。嬉しくて千切れんばかりに振るしっぽ。怖くてぺったりお尻に貼り付くしっぽ。威嚇の時に重々しく振れるしっぽ。犬は勿論言葉を話さないが、その仕草や態度から、何となく気持ちや考えていることが分かる。また、犬の方が賢いというか、遥かにこちらを理解しているように思える。実家では延べ9匹の犬を飼っていたが、ペロほど細やかな感情を示し、優しい性格の犬を他に知らない。ペロはぼくにとって理想のワンちゃんだった。

ともかく家にペロが来て、忽ちその魅力の虜となり、ぼくの生活はペロ中心に一変した。「犬のお嫁さん」と揶揄《やゆ》されるほどに、ペロべったりの犬馬鹿生活…。その間、お注射失神絆深まる、置物になったペロ、晩酌のお相手、サッカー乱入事件、雪中ねずみ捕り、恒例青大将居座り、お供え餅窃盗事件、奇蹟の帰還、奇蹟の帰還2、救急車パニック鮭大喰い事件、恐怖の祭の太鼓とピザ宅配スクーター等々、エピソードを挙げれば切りが無い。

そんな楽しいペロとの暮らしの一方で、ぼくの内にある問題が進行していた。アルコーリズム（俗にいうアルコール依存症）が深刻化したのだ。アルコーリズムは習慣飲酒10〜15年経てから症状が現われる厄介な病気だ。20代に不安神経症から酒に逃げたぼくは、何時しか酒無しの日常は考えられなくなっていた。ブラックアウト（一時的な記憶の途切れ）や酒をめぐっての失敗（多くは約束の反故《ほご》）が目立つようになり、ついに連続飲酒発作（飲み出すと止まらなくなり倒れるまで1週間でも飲み続ける）が現われた。これは非常に危険な兆候で、この発作が現われると引き返すことは困難で、多くはそのままアル中の階段を転げ落ち、死（社会的にも）に至る。ぼくは、どんどん連続飲酒発作を繰り返すようになり、ご多分に漏れず、仕事を失い、友人を失い、恋人を失った。ペロだけが変わらぬ態度で傍に残った。

アルコーリズム専門の病院の門を叩いて数年になる。先生に君のような患者の例は珍しいと言われた。アルコーリズムに治癒は無い。が、恢復はある（ほんの数%に過ぎないが）。しかし、それには家族の協力が必要不可欠なのだ。ぼくのような一人暮らしで、ボーダーラインに踏み止まっているのが不可解らしい。でも、ぼくの傍にはペロが居て、ペロがぼくを助けてくれた。連続飲酒の最中でも、ぼくは辛うじてペロの散歩と世話は欠かさなかった。が、最後ぼくが危篤状態で動けなくなると、ペロもぼくの傍らにうずくまったまま動こうとしなかった。食事も水も用意しているのに、決して摂ろうとしなかった。ぼくと運命を共にしようとしているのだ。ペロを道連れにするわけにはいかないという気持ちが、ぎりぎりの処でぼくを支えた。ペロが居なかったら、ぼくは存在してないか、廃人になっていただろう。

手術後、ペロは全く問題無いように見えた。食欲も有り、運動も活発だった。手術の後遺症など微塵も感じられなかった。1年もの歳月が経ち、2年が経過し、ぼくの頭の片隅に在った「癌」という懸念も殆ど払拭されていた。しかし、そいつは確実にペロの身体を蝕んでいたのだ。

3年目の秋、ペロの腹部に再度しこりを発見。10月2日、ペロ診察。新たに7箇所にも転移しているのが判明。特に腋の下のリンパ腺付近が気掛かり。ペロの年齢的なこともあり、手術に耐え得るか肝機能と腎機能検査のため血液採取。翌3日、検査結果出る。やや貧血傾向にあるものの、他の数値は概ね許容範囲。手術に決める。執刀日は8日。この日から抗生物質を飲ませる。8日、予定通り手術。亡き父、山の神、仏、あらゆる神仏に無事を祈る。夕方、病院に電話。未だ麻酔から覚めてないが手術自体はうまくいった様子。18日、退院。事前に確認されていた8個の腫瘍は全て摘出。極小さなものが2個取れなかった由。生体検査の結果は、やはり乳腺癌。ペロは少し痩せたが予想していた以上に元気そうだった。26日、抜糸。ペロ、食欲も旺盛でしっかりと散歩する。順調に思えた。しかし、12月16日、診察のため病院を訪ねると、手術後にもしこり。腫瘍であることが判明。他に早くも10箇所位転移していると言われる。ショック。

1999年1月30日、動物病院。前回の手術の記憶が新しいのか、ペロは何時もより怯えている。腫瘍はもう外見からもはっきり見える位大きい。腋の下とお腹のはゴルフボール大。腋の下のは割れて石榴《ざくろ》の様。3度目の手術を決める。最後の手術だ。先生に、延命のためにではなく、残りの生を少しでも快適にしてあげるための手術だと言われる。覚悟の上だ。その日から抗生物質服用させ、2月8日、手術。27日退院。

痩せたが元気（11kg、元々は13kg）。

それからペロは驚くべき恢復力を見せ、進んで散歩したがった。ペロの散歩道は概ね3本在って、それぞれ畑コース、園芸場コース、ゴルフ場コースと名前を付けていた。どのコースを行くかは、その時々、ペロが決めていた。しかし、その足取りは、腋の下のリンパ腫を大きくえぐり取った所為で、跛を引いての痛々しい姿だった。近所の顔見知りには「ペロちゃんえらいわねえ」と同情も買った。それでも3月4月は何とか頑張ったが、5月半ばから、各コース共、途中で引き返すようになった。我が家は山のてっぺんに在り、どのコースも下り坂になり、それがペロの脚には負担なのだ。ペロは特別躾けた訳でも無いのに、家の中は疎か、庭でさえ、決してトイレはしなかった。ほって置けば、一日でも二日でも我慢しているのだった。だから、最低1日1回でも外に出してやらなくてはいけなかった（元気な頃は最低3回、多い時だと5回も6回も散歩した）。6月から、散歩は裏の畑に放してやるだけにした。そして、週に1回の診察も動物病院の車で送り迎えして貰う様になる。6月末、ペロ一時入院。腋の下の手術跡が化膿。

毎日1回、化膿箇所をイソジンで消毒。それが7月からの日課になる。ペロはこの消毒作業に悲鳴も上げずに、じっと耐えた。暑さ対策の為、クーラーも1日中つけっぱなし。

そうしてもペロは、日を追う毎に弱っていった。何時も寝ているソファーにさえ上ることが出来なくなった。ぼくは、床に座布団を2枚並べ、その上にペロを横たえた。枕元にはいつでも飲めるよう水のボールを用意して。最早、裏の畑さえ壚ならなかった。抱っこして家の前の地面にそっと降ろした。立っているのさえ辛そうだった。それでもペロは自力で排便した。食物も段々口にしなくなった。毎日スーパーでこれなら食べるかも知れないというのを買い物した。たとえ一口でも食べてくれれば嬉しかった。希望になった。8月からは、車の送迎さえ心臓の負担になると言って、動物病院から週に1度、ドクターが往診してくれた。そんな状況の中で、ぼくは9月2日を迎えたのだった。3度もの手術に耐え、13歳8ヶ月という寿命は、癌という病気を考えるなら、長生きした方だと思う。

今年（2004年）の9月2日に、ぼくはペロの5周回忌を迎えた。未だに、ぼくの手の中で息を引き取った瞬間のペロの感触を憶えている。想い出すと胸の奥がキーンと冷たくなる。

しかし同時に、5年という歳月は、ペロと過ごした筈の様々な思い出やディティールに、何か薄い膜を掛けたようで、はっきりしないのだ。まどろっこしいのだ。ぼくは偶に近所の犬の頭を撫でたり、手を擦ったりする。すると初めてリアルに想い出すのだ。ペロはこうだったなあと。あと、夢に出て来た時。夢にペロが出てくると、何だか切な嬉しいのだ。

今は、ペロを亡くしたのが悲しいんじゃない。ペロを忘れてゆく自分が、何だか堪らなく悲しいのだ。ペロの不在がぼくを苦しめる。

今年、そしてぼくは未だ一滴も酒を飲んでいない。

猫の耳

波多野裕子

波多野 裕子　*Hatano Yuko*

1955年横浜に生まれる。

85年より現在まで、（財）労働科学研究所発行『労働の科学』にフリーランスライターとして寄稿。

95年、彩流社より『ポルトガル－夢の航跡』出版。

95年～98年アメリカのカリフォルニア州在住。そこでの取材原稿は『労働の科学』に掲載。

現在はフリーランスライター及び英語教育機関「UC net」代表。5匹の猫とともに横浜で暮らす。

はじめに

　私は今、内猫2匹、外猫3匹と暮らしている。そして、ここ2年余りの間に3匹の猫を看取った。それに遡ること数年の間には、10数匹の猫を餌付けして捕獲し、不妊・去勢手術をしてもらった。しばらく家を空けている間に我が家の庭で生まれた猫集団だったが、彼らは今「地域猫」として生きている。そして、惨めな野良猫を増やしたくないと願う地域の人たちに見守られながら、ご近所の家々を往来している。数年の間に病気や事故で数は減ってしまったが、我が家の猫たちも、最長老のメス猫以外は全部がその数年前の猫集団から始まった親戚同士の猫たちである。人それぞれに簡単には語れない歴史があるように、私が関わった猫たちにもそんな歴史がある。それらを丸抱えしつつ、今の私と猫たちの生活がある。まさに「話せば長いことながら…」である。それを詳細に語ることは避けたい。

　家族の歴史を詳らかに語るのが難しいのと同じで、大部分は私の中だけに収めておくようなものだから。でも、猫という不思議な種族と生活を分け合っている人たち、あるいはそうしたいと願っている人たちに、ほんの少しだけ聞いてもらいたい物語がある。それは、私の元を旅立って逝った愛する猫たちの足跡であり、彼らに対する私からのオマージュであり、今も私と生き続ける猫たちへの敬意と愛情のメッセージである。私はこの物語を、ゲイちゃんという猫のことから始めようと思う。

ゲイちゃんのこと

ボス猫になってもおかしくないくらい立派な体躯の猫だったが性格が優しすぎて、それが名前の由来になってしまった。

今考えれば、申し訳ない命名だったとおもうが、その優しさは本物だった。

彼のことを話す前に2匹の内猫のことを知っておいてもらったほうがよいと思う。15歳半を越えたメス猫のタクは、生後まもなく親猫からはぐれて私と暮らし始めた。猫としての社会性を身につけないまま成猫になってしまい、猫嫌いの猫に育ってしまったが、その彼女が初めて他の猫と暮らすという試練に直面したのは、今から6年近く前の春のことだった。

実はそのとき、外猫ダンボが数日間姿を見せず、私には心配して探し回る日が続いていたが、5日目に、事故に遭ったのか骨折した足を引きずりながら戻って来た。その必死の姿を見たとき、単純な私は「絶対に私が守らなければ」と、彼を内猫に決めてしまった。すでに9歳になっていたタクには青天の霹靂《へきれき》で、お腹に円形脱毛症を作りながら不適応と闘う日々だったが、1年程を経て後、「まぁ仕方ないか」という状態にまで漕ぎ付けた。そのときのダンボは1歳未満。タクのすることはすべて真似してみたかったし、タクと遊びたくて仕方なかったが、猛烈な拒絶にあってビックリ。彼なりに内猫として生きる知恵を学んだ1年だった。そこに、これまた事故に遭ってお尻の肉をそぎ取られ血を流しながら帰って

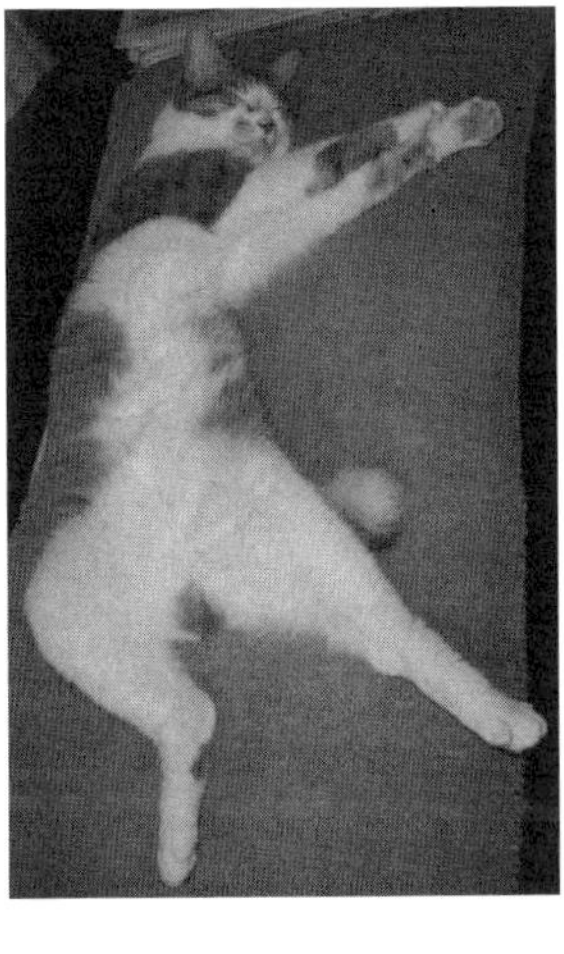

上・ゲイちゃん
下・ダンボ

上・ひとりを楽しむタク
下・くっつき合うダンボとゲイちゃん

きたゲイちゃんが内猫に加わった。今度は先住の2匹がパニックで、
「この猫たちに穏やかな日々は訪れるのだろうか」
と、私にとっても不安なスタートだった。
ある晩、傷がまだ治っていないにも拘わらず、ゲイちゃんは数日間新しい自分の環境を確かめた上で、突然寝ているダンボの上に飛び乗った。そして呆然とするダンボに隙を与えず、その全身を隈なく舐めまわした。その夜を境に、２匹の距離は急速に近くなった。

このゲイちゃんの戦略は、不幸にもタクには通用しなかったが、私は陥落した。ある晩、パソコンに向かって仕事をする私の机の上に飛び乗り、私の額に自分の額を押し当てた。それから立ち上がって、短い両手で私の頭を抱きかかえた。その夜からゲイちゃんは私にとって、猫と共に生きる喜びを全身で教えてくれる猫になった。私が横になると、手足を伸ばして私を抱きかかえようとしてくれた。ダンボもゲイちゃんと抱き合って寝るのが大好きな猫になった。タクは、

「ふん！」

という顔で異色カップルを静観しつつ、彼らとの間に距離が保てることを快く感じているようだった。

シーちゃんのこと

ゲイちゃんがやってきてから数ヵ月後、今度は外猫のシーちゃんが事故に遭っ

た。朝は元気にご飯を食べて遊びに出かけて行ったのに、その日の午後、口から血を流して帰ってきた。彼女は人に馴れている猫ではなかったが、そのときは慌てふためく私が差し出したケイジの中に不思議なほどおとなしく入ってくれた。

獣医さんのところへ行ったら顎の片方の関節が砕け飛んでいるとのこと。人に馴れていない猫は治療も難しいし、このまま放せば外では生きていけない、安楽死を考える必要もあると言われた。でも、血だらけになって戻ってきて、そして獣医さんのところへもおとなしくやってきたシーちゃんが「助けて」と言っているように思えて、私は駄目で元々と思い、自宅に連れ帰る決心をした。その夜、まだケイジの中にいなければならないシーちゃんは、不自由な口で少しだけお魚を食べてミルクを飲み、そのあと私の掌に頭を乗せて寝てしまった。

その微かな重みを手に感じながら、私は、このまま内猫としてできるだけの事をしてみようと心に決めた。そして、もうそろそろケイジから出してあげても大丈夫と思った日、彼女を迎え入れてくれた最初の猫がゲイちゃんだった。

それまでも思いついたときにはケイジ越しに挨拶を欠かさなかった猫はゲイちゃんだけだったから、2匹は本当に自然に蜜月を過ごす恋人同士の猫みたいになってしまった。彼女の口はずっと歪んだままだったけれど、そして私には抱きかかえることすらできない猫だったけれど、内猫としての生活をゲイちゃんと一緒に始めた。

ゲイちゃんとシーちゃんの死

このことを書かなければならない私は今も辛い。内猫の数が増えていくにした

シーちゃんとゲイちゃん

がって（この時点では4匹になっていた）、私はどれほどゲイちゃんに助けてもらっただろうと思う。彼は内猫たちの要のような存在だった。シーちゃんとダンボは仲が良いわけではないが、ゲイちゃんがいるので、よく3匹で一緒にいた。その3匹グループが安定していれば、タクも落ち着いていた。が、ゲイちゃんは白血病のキャリアだった。

獣医さんから、

「5歳半を越えれば長生きできる可能性が大きい」

と言われていたが、彼はそれを越えられなかった。

ゲイちゃんの変化は2ヶ月くらいの間に急激にやってきた。体が若いので進行が早かった。大好きなものも口にできず、2002年6月17日の朝、いつもなら階段を上って私を起こしに来るのに、その日は階段の下で蹲《うずくま》っていた。その姿を見た瞬間、私は「あっ」と思った。

ゲイちゃんの命が目に見えたような気がした。それは、苦しがりながらもその場にしがみつこうとしているかのような命だった。

「駄目なのかもしれない」という予感が湧き上がった。蹲る彼の目の前に、好物の餌を出しても反応がない。ただ、小さな器に入れた水だけを美味しそうに飲んだ。私はゲイちゃんに寄り添いながら彼の体をさすった。でも、ゲイちゃんは触らないでくれと言うかのように、一声鋭く鳴いた。それから、ゆっくりと自分のお気に入りの場所に移動して体を横たえた。私には見守るしかできなかった。そして暫くしてから大きな息を一つして、それを吐き出すときに、美しく長い声で鳴いた（そうだ、ゲイちゃんの声はいつも見事なテノールだった）。それがまるで「サヨナラ」であったかのように、ゲイちゃんは逝った。

私は文字通り泣き暮らした。何をしていても、またゲイちゃんのことを考えているという自覚がなくても、気付くと私は泣いていた。でも、私よりもシーちゃんのほうが悲しみは深かったのかもしれない。しばらくの間、彼女が全身で寂しがっているのがわかった。普段は大きな声を出さないシーちゃんが、何度もゲイちゃんを呼んでいた。

そしてちょうど7ヵ月後の1月17日、シーちゃんも、事故の後遺症と腸炎で逝ってしまった。

その前日、普段は体を触れられることを嫌がるシーちゃんが、穏やかな冬の陽の差し込むリビングで、私の前にちょこんと座った。

「触ってもいいよ」

と言われている気がして、私は彼女の体に手を伸ばし、彼女の小さな頭や痩せてしまった背中をそっと擦った。

「きょうはお日様が一杯で嬉しいね。明日の朝も元気にご飯食べようね」

と語りかけながら。その夜彼女は、自分のベッド（籐のバスケット）が置いてあるロフトへの梯子を、自分の足でちゃんと上っていった。私が寝る前に声をかけたら、

「ミャー」

と応えてくれた。

翌日の未明、私はいつもなら寝ている時刻に目を覚ました。嫌な予感がした。私はシーちゃんに声をかけた。応えはなかった。ロフトへの梯子を上り、バスケットを覗いた。そのとき既にシーちゃんはバスケットの中で冷たくなっていた。私はそのバスケットを腕にしっかり抱えながらロフトの梯子を降りた。そして、これまでの彼女との関わりの中で初めて、両腕で彼女を抱き上げた。私の腕の中にあったのは、あまりに軽くて小さい彼女の亡骸だった。私は、月は違うけれど同じ日に逝ったゲイちゃんがシーちゃんを迎えにきてくれたように感じた。シーちゃんを両腕に抱きながら、私はゲイちゃんに「頼むね」と呟いていた。

お兄ちゃんのこと

２００４年１月４日、私は「お兄ちゃん」という外猫を亡くした。生まれたのは多分１９９５年。好奇心旺盛な子猫のころ、最初に我が家に侵入を試みた外猫だった。玄関ドアが開いた一瞬を狙って侵入したのだろう。大荷物を抱えた私が次にドアを開けて玄関の入り口に立ったとき、廊下の奥から一直線に走ってきたかと思うと、呆然と佇む私の肩をジャンピングボードにして逃げて行った。

その後数年間、私は彼の姿を見なかった。どこかでボス猫として生きていたのだと思う。それが突然戻ってきたのは２００３年末のことだった。もう高齢猫の仲間入りをしたお兄ちゃんには、引退時期だったのだろう。そのときの我が家の外猫はメス猫３匹。（ダンボの母猫、シーちゃんの妹猫、ゲイちゃんの妹猫）だった。

その彼女らに叩かれたり拒絶されたりしながら、何時の間にかグループに溶け込み、間もなく、我が家の外猫たちの頼れる守り手となった。そのお兄ちゃんが病に倒れた。

下顎の組織が欠落していくという難病だった。ステロイド剤で進行を食い止めるのが唯一の治療だったが、食は細くなり、体力も日々衰えていくのがわかった。

それでも、我が家だけではなく、ご近所にも評判のいい猫だったので、みんなが協力し合ってお兄ちゃんを見守った。

「今は家にいるからご飯を上げた」

とか、

「薬は駄目だったけれどミルクは飲んだ」

とか、そんなやり取りが何度もあった。その度に、お兄ちゃんがどれほどみんなに愛されている猫なのかを知らされた。

お兄ちゃん

そんな中で２００４年の１月４日、

「今、散歩に出かけました。思いのほか元気そう」

という、ご近所からの連絡を受けたのち、お兄ちゃんは忽然と姿を消してしまった。その日の夜、お兄ちゃんを見守ってくれた隣人とともに、懐中電灯を片手に探し回ったが、再びお兄ちゃんと会えることはなかった。ゲイちゃんが内猫たちの守り手だったとしたら、お兄ちゃんは外猫たちの守り手。そして地域で愛された猫だった。その最期を看取ることのできなかった私は、今もお兄ちゃんの夢を見る。そして夢の中で理解するのだ。


お兄ちゃんは現実の世界からは飛び立ってしまったかもしれないけれど、ちゃんとサヨナラを言えなかったからこそ、再び巡り合える日がきっと用意されているはずだと。それはどんな形かはわからない。でも願えばいつか叶うはずと、私は信じている。

悲しみを越える術

何匹の猫を看取ろうが、その悲しみに馴れることは決してない。

私はゲイちゃんを亡くしたとき、悲しみを越える術も悲しみの行き着く先も知らなかった。ただ、どんなことも忘れてしまうのが寂しくて、心に浮かぶすべてのこと（思い出も後悔も）を小さなノートに書き記した。

そして数ヶ月を経たころ、涙の回数が少しずつ減り、「あれ、これは前にも書いた」ということが少しずつ増えてきた。そのとき、やっと私はゲイちゃんを抱えたまま先に進んで行ける道筋が見えたような気がした。だから、シーちゃんやお兄ちゃんを亡くしたときも、私は自分の悲しみを我慢しなかった。我慢しても決して消えていかないのだから、その悲しみの中で自分を閉ざすことは止めようと思った。

苦しいけれど、そこをちゃんと通り抜けて行かないと、私は自分の心の中に彼らの居場所をきちんと作って上げられない気がした。

それは逝ってしまった猫たちのためではなく、私自身に必要なことだった。

ともに生きるものたち

私は容易に「超自然的な現象」を信じるタイプの人間ではない。むしろ人間が本来持つ原始的本能的な力を擦り減らして生きてきてしまった。それでも猫たちと生きていると、彼らの感覚を通して不思議なことに出会う。それは猫と暮らす人の多くが体験していることかもしれない。時々虚空の一点を凝視している彼らを発見すると、私には見えないものを見ているのだろうなと思う。

そんなことがゲイちゃんを亡くした夜にもあった。普段はあまり同じ部屋にいることの少ないタク・ダンボ・シーちゃんが、私のいるリビングで3匹3様に熟睡していた。その3匹が突然、同時に頭をもたげて空中の同じ一点を見つめた。不思議な気配がその一点に集まっているように思えたが、私には何も見えなかった。私はふと「あっ、ゲイちゃんが戻ってきたのかもしれない」と思ったが、頭の半分では打ち消していた。

ところが、シーちゃんが逝った夜も、お兄ちゃんが姿を消した夜も、タクとダンボは突然熟睡から目覚めて空中の同じ一点を見つめていた。あれはいったい何だったのだろう。私には今もわからない。ただ言えるのは、それが何であるにせよ、彼らは確かに私に見えない何かを見ていたし、感じていたということ。あの刹那に、私は彼らの力を借りて、旅立った猫たちの魂に再び触れていたのだろうか。

そのように私は度々猫たちの繊細な感受力に打たれるが、時に彼らは「知らないふり」もする。猫なのに狸寝入りもする。

そんな彼らだが、自分の耳は自分の意志ではどうにもならないものらしい。寝ているように見えても、庭を走り過ぎる猫の微かな足音や、猫缶用の戸棚を開ける音など気になるものが聞こえると、三角形の耳は精巧なレーダーのように音のする方向にクルッと向きを変える。それを見るたびに私は「何だ、君たちも意外と単純なのね」と言いたくなってしまう。が、あの不思議な体験をした夜に彼らの耳がどこに向いていたのか、私には記憶がない。でも、私の感覚がもう少し鋭敏であれば、同じ方向にピッタリと照準を合わせた彼らの三角耳に気付けたのではないかと思っている。

終わりに

私は信仰を持っているわけではないが、それでも、再び彼らと巡り合える場所があるのだということを信じている。これから先、私は今抱えている猫たちを看取っていかなければならない。

愛しいものの死に立ち会うのは恐ろしいし、取り乱すし、泣き叫ぶし、打ちひしがれる。そのことを考えると弱気にもなる。

でも、私はその役割を誰にも譲りたくない。それは私の小さな自負だし、大きな覚悟でもある。でも自信なく揺れる自分に気付くとき、ゲイちゃんが私に尋ねているような気がする。

「どう、少しは猫と付き合うことが上手な人間になった?」

私は躊躇《ためら》いつつも、

「うん、頑張ってる」

と答えたい。

私は、逝ってしまった猫たちと分け合った時間のすべてが、今抱える猫たちと生きていくための知恵に還元されていると感じる。その彼らの遺志を大切にし、私が自分の生を全うして彼らのいるところに旅立つとき、彼らは私を待っていてくれるだろうか。なんだか、

「いやぁ、やって来るのは分かっていたんだけど、綺麗な蝶々を見つけちゃって」

とか、

「このご飯食べてからでもいいかなって思って」

とか言いながら、遅れてやって来そうな気がする。それが彼ら。

そして私は、そのように自分に正直に生きている猫たちゆえに彼らと生きたいと願っているのだ。

「いいよ、君たちの耳が私の気配を感じてやって来てくれるのを、私は再会の場所でずっと待っているからね」

小さな子どもみたい

嵯峨百合子

嵯峨 百合子 *Saga Yuriko*

昭和57年石川県生まれ。

フェリス女学院大学国際交流学科在籍。

2004年度ミス日本グランプリ。

身長175㎝・B80・W61・H91、血液型A型、獅子座。

将来は世界をまたにかけて活躍する仕事を目指している。

映画『80デイズ』で吹き替えに初挑戦。現在、石川県観光ＰＲのサポートを勤めている。今後の活躍が期待される。

私が犬を飼いはじめたのは、まだ半年前のことです。ペットショップに行ってこの子を見つけて、いちばんやさしそうな顔つきで可愛かったから買ってしまいました。

ミニチュアシュナウザーのメスで、名前はショコラ。じつは茶色い毛質のDNAをもっているめずらしい子で、日本には5匹くらいしかいないと言われました。だから購入する際には、同じDNAをもった相手と繁殖することを条件にされました。こんなに小さいのにもう許嫁《いいなずけ》が決まっているなんて……。いってみれば、由緒正しい子なんでしょうけれど、ちょっと見ただけでは頭のあたりの毛が少し茶色っぽいかなくらいにしか感じません。2歳くらいになったら子どもを産ませて、1匹は手元に残しておいて、この子と一緒に育てたいと思っています。

この子は外ズラがいいっていうのかしら、人前ではほとんど鳴いたりしないのに、家にいるとけっこううるさくしています。人見知りしないから、私が泊まりがけで仕事に行くときには知り合いに預けているけど、あまり苦情は聞かないから、きっとおとなしくしているんでしょう。

もともと頭がいい子で、「お座り」とか「お手」は1日で覚えてしまいました。たまに私が怒ったりすると、いじけちゃってわざと玄関に粗相したりするのも、賢いせいからかもしれません。でも、考えていた以上に手はかからないです。

この子がきてから、雨さえ降っていなければ毎日散歩もしますし、仕事場まで一緒に連れていってしまったりもします。今のところ私にとっては、ちっちゃな子どもができたみたいな感覚です。

まだ飼いはじめて間もないのであまり偉そうなことは言えませんが、ファッションのひとつのように考えてペットを飼いはじめる人もいると聞きます。でも、犬って飼ってみるとわかるけど、無償の愛を与えてくれるものなんです。飼い主

ショコラ

に対して絶対的な思いを向けてきます。だから、けっしてファッションなんかでは済まなくなると思います。

この子がいてよかったと思うけど、まだペットロス症候群と言われてもピンときません。ただ、お年寄りの方とかにとっては、きっとお孫さんと一緒の感覚になってしまうんだろうし、一人暮らしをしているような人には、かけがえのない存在になっていってしまうんでしょうね。

私は今はもちろんそんなことは考えもしないし、今後も私の性格からいって、すぐに切り替えができるんじゃないかと思っていますが、これぱっかりは実際にその状況になってみないとわかりません。

じつは、私がまだ小さかった頃、家でコリー犬の小型のシェットランドを飼っていたことがありました。でも、ある日首輪がはずされていなくなってしまったんです。盗まれたんだと思いますが、結局そのまま帰ってくることはありませんでした。そんなこともあったからでしょうか、ずっと犬を飼いたいという思いがありました。そして、念願叶ってこの子に出会えて本当によかったと思っています。

私の場合、運もよかったんでしょう。というのは、最初に顔を出したペットショップの社長さんと知り合いになって、いろいろお話を聞くうちに、その方の人柄や犬に対する考え方もわかって、その上でこの子と出会えたからです。

だから、ペットショップってすごく大事だと思います。ショップによって、同じ犬種なのにまったく顔つきが違う子がいたりします。いろいろなブリーダーさんがいて、いい犬にしようと愛情たっぷりに育てる人もいれば、自分の生計を立てるためだけでやっている人もいると聞きます。もちろん、お金のためにブリーダーをやってもいいとは思いますが、きちんと愛情を込めて育てて世に出すのが、最低限必要なことではないでしょうか。

いま私がペットショップに行ったら、そこにいる子の顔を見ればだいたい性格がわかると思います。たまにペットショップのショーウィンドウに、「セール中」とか「激安!」なんて貼り紙をしているのを見かけますが、あれはやめてほしいですね。

なにしろまだショコラと暮らしはじめて半年ですから、これからいろいろなことに遭遇したり、いろいろなことを経験したりすることになると思いますが、この子にはできるかぎりの愛情を注いであげたいと思っています。

猫

園田恵子

園田 恵子　*Sonoda Keiko*

詩人。大学在学中、文芸誌の新鋭詩人としてデビュー。

第一詩集「娘十八習いごと」（思潮社）で注目を集めた新世代の詩人。大学では日本文学と西洋美術史を学ぶ。日本の伝統芸能に親しみ、歌舞伎や能などの要素を新鮮な視点で大胆に現代詩の中へ取り入れた手法は、若い世代の詩人の中でも異彩を放つ。国内外で詩の活動を展開するほか、作詞、雑誌・新聞連載のエッセイストとしても活躍。

ANB系『ウィークエンドシアター』レギュラー出演他、TV・ラジオ出演多数。

エッセイに『猫連れ出勤ノート』（講談社）『東京枕草子』（潮出版）

詩集に『日月譚』（思潮社）など。

子供の頃から、我が家には常に動物たちがいた。玄関には熱帯魚が、庭に面した縁側には九官鳥、居間には猫がいて庭には犬がいる、という具合である。温厚な犬の時にはお腹の上に猫や鳥を乗せたまま一緒に口なたで昼寝していたりして、至極平和な日々になるのだが、幾世代も代替わりしてきた犬や猫の中には、狂暴な性格のものもいて、同じ家の中で出会いがしらに大ゲンカが始まったりもした。

鳥や魚を食べてしまう猫もいて、油断がならない。家の中の猫が金魚鉢の前に長い間坐ってじっとみつめている時なんかはあぶない。猫がいたらずらをしないよう、これらは家族であると言い含め、見張っているのも子供の役目だった。

でも大抵動物たちは子供の存在を軽んじていていうことなんかきいてくれない。それどころか、親が見ていない隙にひっかかれたりもする。猫は特に好きだったのにどの猫もなついてはくれないのだ。

甘えたり主人として服従するのは両親に対してであり、子供に対しては「子供扱い」だったのだ。それが悔しくて、大人になったら自分の猫をもちたい、とずっと思うようになった。

東京にきて、一人暮らしを始めてそこで猫をかうようになって、はじめて本格的に自分の猫というものをもった。

人間の方ではもった、なんていうが、一人暮らしだけでは独立した、という感覚にはならなくて、猫をもった時にはじめて、背筋がのびるような、大げさない方だが一家を構えた、ぐらいの緊張感をもったものである。

家には私を待つ猫がいる、というのは大きな心の支えであり責任だ。猫のために飲み会も早々にひきあげてくるようになった。

猫と一対一で向きあうことになった。ただ可愛いだけの存在ではないそれは一つの生命だった。生命の重さを日を追うごとに知って、空おそろしくなったこともある。

食事のやり忘れやとりかえたばかりの水にホコリが浮いていた時には、猫に申し訳なくてこれからは掃除をきちんとしなければと思ったものだ。

レジーナ・フェルデナンデ・スカルフィオッティ嬢、と最初に出会ったのは、大学に入ったばかりの桜の季節だった。

人にたとえて言うなら、シルバーグレイの長い髪に、ブルーの眼をもつ貴婦人、というのがぴったりな、どことなく高貴な雰囲気をもっている。

当初は別の大学に通う友人の所にいた。

「親猫とも兄弟猫共気があわなくて、ちょっと気むずかしい猫なんだけど、もし気に入ったらもらってよね」

そんなふうにいわれて、大阪市内にある友人宅へ向かった。

リカというその猫は、リビングでじゃれあって遊んでいる6匹の仲間と離れ、個室を与えられてひっそりと暮らしていた。

「もともと毛長種は気難しいんだけど、この猫は特にひどいわね。親猫でも人間でも、近づくものはすべてひっかくのよ」

だから隔離してある、というのだが、その姿はあまりに淋しそうで、私は猫をもらいうける事にした。

猫が生まれてから1年くらいたつ頃だった。レジーナでもリカでもレカでも、何と呼ばれようと猫の方では気にもしない風だった。兄弟猫たちがいながらも、群れずに一匹狼でいる。彼女の尊大な振舞いは、信じられないくらいに貴族的だった。身繕いに余念がなくて、何時間もかけてなめる手やしっぽは美しく輝いていた。

呼びかけても振り向きもしない、たまにけだるそうな眼で、

「なにか御用なの？」

というようにちらりとこちらを見る。

連れて帰ることにはしたものの、うまくやっていく自信はなかった。それでもあの騒々しい兄弟たちと離れてほっとしたのか、私の家へきてからはのびのびとした様子で、家の中を歩く私の足のまわりにまとわりついたり、ソファで本を読んでいると、横に坐りにきたりもした。

向こうから近づく時はいいが、こちらが頭をなでようとしたりすると、とたんに誇り高い態度で「無礼者！」とでもいうようにすぐに手をひっかくのである。

なんどとなく、猫と格闘した果てに、私はこの猫と親しく接するということをあきらめて、猫の性癖のあるがままに受け入れることにした。

レカが私の家にきてからほどなくして、私は通っていた大学に近い大阪で一人暮らしをすることになった。そして彼女は、記念すべきはじめての一人暮らし生活での、同居人となったのだ。

最初の部屋は、大阪の「ミナミ」と呼ばれる繁華街の中心に位置する、心斎橋

筋の近くである。落ち着いた色調のエントランスにオートロックの玄関がある。高層階にある4LDKの部屋からは心斎橋筋から難波へかけての夜景が見える。

学生にしては分不相応なその部屋は、海外に一時いくことになった知人のもので、私はいい条件で借りる事ができたものだった。40畳ほどあるリビングには、柔らかなカーペットがしきつめられていて、レカには似合いの場所のように思えた。

それに、一人で住む不安も、彼女と一緒ならやりすごせそうだったから、彼女

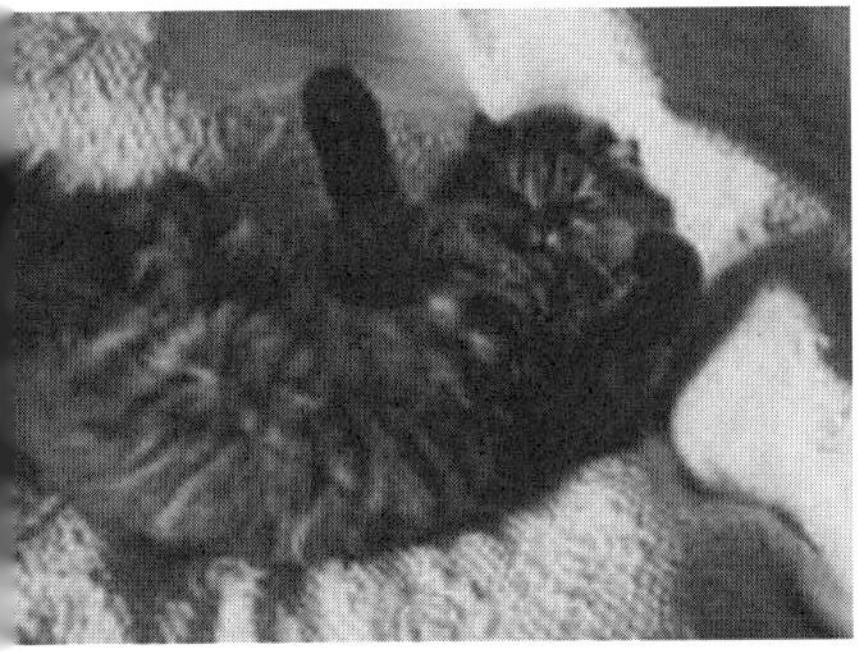

の「同居人」としての存在は、かなり重要なものだったのだ。だからその部屋に住むことになった時、何の迷いもなくレカと一緒に行くことを決めていた。

　作りつけのクロゼットや家具も揃っていたから、引越しも身軽に、身の回りの物を自分の車で運ぶだけにした。当面の衣類と化粧品と本などを、当時乗っていた車の後部座席に積みこみ、最後にレカを入れたカゴを助手席に積みこんだ。移動中の車のなかで、彼女は一声も鳴かず、静かにカゴを出たのでは？と疑わしくなって、何度かカゴを揺すったり、蓋を開けてちゃんといるか確かめたくらいだ。

　猫の横顔は不安気に愁いを含んでいて、どこか〝運命に翻弄され、城から城へと馬車で運ばれる悲劇の王女〟を思わせた。

　レカをその心済橋の部屋のリビングに坐らせると、いつも通りの仏項面の表情で佇んでいる。チェシャ猫のように笑われても怖いのだが、もうちょっと、喜怒哀楽を表してくれたっていいもんだと思うくらい、愛想のない猫である。

　この部屋を見せたり、場所が替わったら、何か表情に変化があるのでは？と期待を寄せていた私はがっくりと肩を落とすことになる。

　いつものまま、と思っていたら私の部屋に遊びにきて猫をみた女友達は、みんなきまってため息まじりに、

「一体この猫のどこが可愛くて、一緒にいるわけ？」

と聞いた。

「まず、そのきれいなシルバーホワイトの毛並の美しい風貌でしょ」

といった後、しばらく考えて、

「プライドが高くて、自分を曲げないところ」

と答える。

それ、全然わからない、と友人はいったものだが、聞かれてみて初めて、私はこの猫の高貴さ、気位の高さが気に入っているのだと知る事になる。

猫には自由にさせておき、そんなふうだったので、実家にもどってからもあまり真近に見ていなかったことが、あとになって災いした。猫の喉に異変がおきていることに気がつくのが遅れたのかもしれなかった。

食事を飲みこみにくそうにしているのに、母が気づいた時には、喉の奥にできた腫れ物はもうかなり大きくなっていたのだ。人間の手の親指くらいの大きさで、猫の小さな喉をほとんどを塞いでしまっている。

あわてて駆けこんだ近くの獣医の処置も、あとから知ったことだがよくなかった。

「この腫れ物を切ってしまえば、すぐに治ってしまうでしょう」

とその若い男性医師は言った。

素直にその言葉にしたがって、母は猫の腫れ物を処置してもらい、その夜は安堵して床に就き、翌朝みるとさらに大きくなってしまっていた。

辛かったのは食事の時だった。レカには最後まで、食欲があった。喉に腫れ物があり、食べたり飲むことができなくなっただけで、食欲だけは衰えることがなかったのだ。スポイトなどで流しこもうとしても、傷に沁みるのか、痛がるばかりで飲みこめない。自分の器の前で格闘して、あきらめてそこを離れる。

すると、食卓を囲んでいる私たち家族の所へきて、椅子の上に登って食卓に手をついて食事の様子をじっと眺め始めた。

「ちょっと、またレカが…」

との母の声に、食卓の端を見ると、猫が熱心な様子で惣菜や私たちの食べる様子を食いいるように見ている。

うっすらと開いたままの小さな口元の下には、よだれの水たまりができていた。急いでレカを隣の居間に運んで戸を閉めたが、すっかり食欲は失せてしまっていた。

いくら点滴を打っていたって、お腹が膨らむわけではないのだ。台所で料理を作る時にたてる音や、いくら戸を閉めきっても漂いだしていく食べ物の匂い…。そういう気配をたてないように腐心しても、猫の嗅覚の鋭さにはかてるものではない。なるべく外食しようということになった。家族そろって出かけてしまうと、玄関に佇んで出かけると前と同じ行儀のよい姿勢で待っていた姿が今でも思い浮かぶ。

山高い丘の上にある動物病院へ、毎日点滴に通った。猫のカゴを下げて片道15分ほどを歩いていく。そんなふうに2週間ほど通っていた。

いつのまにか季節は春へと傾斜していた。その辺りは新しい分譲住宅地で、まだ家の建っていない野原が拡がっていた。ある時、ひどく天気のいい日で、3月の野原に黄色やピンクの野の花が咲きだしている。私の重い気持とは正反対ののどかな春の景色だった。

〝そうだ、レカにも見せてやりたい〟

ふと思いついて、レカをカゴから出し、野原の真ン中に坐らせた。もうほとんど体力がなくなって、逃げる心配もいらなかったから。

レカはぼんやりした表情でその野原を、それでも珍しそうに眺めた。はじめて見たのだ、野原を。さえぎるもののない広い空間を。

死ぬ間際になってはじめて体験するそこで、レカは日だまりの暖かさをじっとかみしめるようにうずくまっていた。

子供の頃から大阪の町中のビルの最上階にあるマンションに育ち、私の家に来てからも逃げるといけないから、と庭にすら出したことがない。逃げたり、迷って戻ってこなかったら大変、といつも神経質に猫を見張り続けてきた。

黄色い蝶が、レカの周りを飛んでいた。ふらつく足どりでそれを追っている。その無心さ。もっといろいろな風景を見せてあげたかった。ずっとここには日がふりそそいでいたのに、せめて元気な時に連れてきてやればよかった。

当然のように閉じこめて飼ってきた、その残酷さを、はじめて知ることになったのだ。

30分ほどそこにいて日が陰りはじめたので猫をカゴにしまい、病院へ向かった。

「もう限界でしょう、点滴に通っても回復するわけではないですから、食事がとれないから薬でもたせても、これ以上は無理ですよ」

と医者は言う。

「安楽死させてやった方が猫の苦痛をやわらげることになりますよ」

と。

それでもあきらめきれずに翌日車で1時間ほどの京都市の北の方にある腕がいいと人から紹介された動物病院へいった。

近くの病院で2回ほど手術をして切ったけれど、その都度ひどくなったことを告げると
「これは酷い、かわいそうに、相当な痛みでしょう」

「最初は切ってはいけなかったんですよ。刺激して、活性化させてしまうんだ」

「もう1度手術して切ってみて、悪化するかもしれないし、治るとはかぎらないけれど、どうしますか。1週間ほど入院させてみて、様子をみるのは」

レカの眼を見た。何度も手術され痛い思いをして、力のない眼で、じっと耐えている。去ることのない絶え間ない痛みと、おそろしい空腹に。

口を閉じることもできないほど、大きくなった腫れ物に命を奪われようとしている。

もしまた、安楽死をすすめられても、もう2度と承諾することはないだろう。

レカが死んでしまってから10数年をすぎた今でも、他にもっと選択肢があったのではないか、と思ってしまう。

もしかしたら最初から近くの医院でなくもっと経験を積んだ医者の所へいっていたら、あんなにひどくならずに済んだのではないか。もう1度手術を受けさせていたら、もしかしたら、と今でも思う。安楽死を承諾したその時の自分を、今でも許すことができないでいる。

もう1度食べさせてやりたかった、いつものように私の膝枕で眠ろうとした時に、あまりの悪臭に声をあげたこと、レカを一人で眠らせたあの夜、留守番ばかりさせたことを、後悔は次から次とわいてくる。帰宅すると、真っ暗な玄関に坐っていた姿が思い浮かぶ。

三匹の犬と五人の家族

木村東吉

木村 東吉　*Kimura Toukichi*

1958年、大阪生まれ。アウトドア・エッセイスト。
1979年に上京、本格的にモデル活動を始める。男性雑誌のファッションページで活躍する傍ら、趣味の料理やアウトドア関連の仕事にもたずさわる。
95年河口湖に移住し、ボランティア団体『スリーアロウズ』を結成するなど、活動の場は多伎にわたる。
主な著書に、『グレート・アウトドア』『異国風料理学校』（ＫＫロングセラーズ）
『パパはシェフ』（双葉社）
『森と湖の生活』（光文社）
『こんな生活がしたかった』（山と渓谷社）など多数。
木村東吉オフィシャルホームページ
http://www.greatoutdoors.jp

かつてボクは3匹の犬と一緒に暮らしていた。

ラブラドール・レトリバーの雄ナヴァホ、アイリッシュ・セッターの雄タオス、そしてその妹(姉かもしれない)のサンダンス。

だがそんな犬派のボクも(決して猫派ではない)、決して犬を飼わない、と決めていた時期があった。

長女が産まれた18年前、我が家には1匹の犬が居た。柴犬(おそらく)の雑種で名前はウォッカ。

その当時、我々は世田谷区の用賀というところに住んでおり、ひと駅隣の二子玉川の駅前に東急ハンズがあった。その東急ハンズに捨てられた仔犬のコーナーがあり、里親を探していた。


仔犬が10匹ほど収容された小屋の前に立ち、

「この中でボクと一緒に帰りたいヤツは誰だ?」

と、その小屋に手を差し入れると、わっと仔犬たちが群がったが、1匹だけ小屋の奥に逃げようとした仔犬が居たので、そいつを捕まえて、家に連れ帰った。

家に戻ってよく見ると、柴犬くらいのサイズだが、全体に色が黒く、見てくれはシェパードを小型にしたような雰囲気である。

「こいつ、柴犬とシェパードのミックスかな……」

とボクが呟くと、台所に立っていた妻が笑った。

「そんな組み合わせの雑種っている?」

「うーん……わかんないけど、絶対にシェパードの血が混じっていると思う」

とボク。

「そう思いたいんじゃないの?」

と妻。

ボクはもう一度、その仔犬を仔細に眺めた。

「『シバード』って名前はどうかな?」

とボクは仔犬の名前を提案した。

すると妻はさきほどより大きな声で笑ったが、今度は嘲笑が含まれている。

「柴犬とシェパードのミックスだから、そんな安易な名前を思いついたんでしょうけど、私はそんな名前はイヤ! それになんだかイスラムのジハードみたいじゃない」

と妻。そして続ける。

「私の友達んとこの犬で『クッキー』って名前の犬が居るけど、そんな可愛い名前がいいな…、たとえば『キャンディ』とか……」

「よし！　決めた！　『ウォッカ』にしよう！」

「ウォッカ?」

と妻は左右の眉毛を上下させて難色を示したが、結局、その犬の名前は「ウォッカ」となった。

しかし、ウォッカと我々の暮らしは3年で終了した。

3年後に長男が産まれ、用賀のアパートが手狭になった。そこで我々は多摩川を越えて、川崎の宮崎台というところに引っ越すことにしたが、そこのアパートでどうしても犬を飼うことができない。

「ウォッカはどうする?」

妻と二人で非常に悩んだが、結果として信州は堀金村の、妻の実家にウォッカを預けることになった。

「もう私たちは犬を飼う資格はないわね」

と、妻は落ち込んだ表情で言う。

「そうだな…こう簡単に手放すようじゃ駄目だな……」

と、ボクはため息をつく。

言い訳をするわけじゃないが、決して簡単に手放したわけじゃない。いろいろな方向性を探ったし、とても深く悩んだ。

だがその当時は世の中、バブル景気の真っ最中。家賃は高騰を続け、人間すら暮らすところに困るほどだった。我々も東京を追われるようにして多摩川を渡り、川崎市内に新たな住処を見つけ出したのだ。それに信州の実家の方が、ウォッカにとってもいい環境だと判断したのだった。

でもやっぱりそれも言い訳に過ぎない。我々は自分たちの都合で、飼い犬を手放したのだ。

それから3年後に次男が産まれ、ちょうどその時期に、ウォッカが実家から逃げ出し、そのまま行方不明になったとの、報せが入った。その報せに胸が痛んだ。

さらにその3年後に、我々家族は富士五湖のひとつである河口湖の湖畔に、現在の居を構えた。

「目の前は湖やし、裏は山やし、犬を飼うのにはもってこいの環境やな……」

と、京都からやってきた友人が、我が家のダイニング・ルームからの湖の景色を見ながら言った。

彼はボクが若い頃からお世話になっているカメラマンで、撮影で東京や河口湖に頻繁にやってくる。

我々が河口湖に暮らし始めた翌年の初夏の頃で、新緑の若葉が湖畔や山を彩っていた。

「どや？　ここで犬でも飼ったら……」

彼は無類の犬好きで、以前はシェパードを飼っていたが、そのシェパードの死後、ラブラドールを飼っていた。そのラブラドールには京都の彼のスタジオで何度か会っていた。多少、栄養の摂り過ぎではないか、と思うほどの大型のラブラドールだったが、彼の言うことを従順に良く聞き、その愛嬌のある表情に、見ているこちらの頬が思わず緩んだ。

「いや…ボクたち夫婦には、とても犬を飼う資格なんて…」

ボクはウォッカのことを詳しくに話した。

彼はボクの話を聞いた後、しばらく黙って湖を眺めていた。そして真面目な表情で言った。

「たしかにオマエの言うことは良く判る。そしてまた自分自身を責める気持ちもな……」

そこまで言うと彼は柔和な笑顔を浮かべた。

「でも、もうこの家からどこかに行くことはないやろ。この家やったら、犬もきっと幸せに暮らせる」

彼がそう言ってから2ヶ月の後、我が家にラブラドールの仔犬がやって来た。まるで白い眉毛があるような、ちょっと情けない表情をした仔犬だった。ボクたちはその仔犬に「ナヴァホ」と名付けた。ネイティブ・アメリカンの有名な部族の名前である。

今度は妻も反対しなかった。

ナヴァホの食欲は旺盛で、見る見る大きくなって行った。乾燥ドッグフードしか食べさせなかったが、ステンレスの皿に出した途端に、3分ほどで平らげてしまった。それでもオナカが減るのか、散歩の途中にいろいろなモノを口に入れる。一度、口に入れたモノが大きすぎて、顔が倍くらいの大きさになっているので、無理やり口をこじあけたら、大きなバカ貝が出てきた。

「なんでも口に入れて困るんだよ」

電話でやはりラブラドールを飼っている友人に相談した。

「判るよ！　ウチのラブなんて、留守番させておいたら、リヴィングの椅子の足を2本も食っちゃったもん…」

そう言ったあとにまったく笑わなかった。どうやら本当らしい。

「なんかいい方法がないかな?」

とボク。彼は、

「あるある!」

と次の方法を教えてくれた。

まずは犬の散歩コースに、ソーセージかなにか、犬の好きそうなモノをばら撒いておく。もちろん食いしん坊な犬はそいつを見逃さずに食べようとする。ところがそのソーセージにはたっぷりのタバスコと胡椒が振りかけてある。犬はその味に驚いて、二度と落ちているモノを食べなくなる、と云った作戦だ。

さっそく試してみた。

その成果を知りたくて、娘も散歩についてきた。

最初のソーセージをナヴァホが発見した。予想していた通り、ソーセージに近づいて行き、そしてソーセージを舐めた。ボクと娘は笑いを堪えて顔を見合わせた後、その様子を見守った。

ところが…、ナヴァホはその激辛のソーセージを何度か吐き出しては綺麗に舐め尽くし、そして平気な顔をして食べ始めた。そしてその後、同様に仕掛けておいた残りの4つのソーセージも食べ尽くしてしまった。

「ナヴァホ…不気味…なんだか気持ち悪くなってきた」

と娘が呟く。

ボクも黙って頷いた。

だがそんなナヴァホだが、毎日、元気に野山を駈け廻り、まったくと言っていいほど病気もしなかった。

木の枝を投げてやるとそれを回収してくるのが大好きで、その犬種の名前の由来通りの性格を発揮した。

ナヴァホが我が家にやってきて4年目の夏に、タオスとサンダンスがやってきた。

ボクは最初、この2匹の犬を飼うことに反対だった。

信州に暮らす知人の家で、アイリッシュ・セッターの仔犬が沢山産まれ、誰かに貰って欲しいと頼まれた時にも、我が家ではまったく飼うことは考えていなかった。ところがそのことを家族に話したのが拙かった。

「飼いたい！」

と長女と長男が口を揃える。

「ウチにはナヴァホが居る。それで十分じゃないか！」

とボクは反対する。

「ナヴァホはトウサンの言うことしかきかない！　私たちだけの犬が欲しい」

と子どもたちはワガママを言う。驚いたことに妻までもが子どもたちに同調する。

上・木の枝が大好きなナヴァホ
下・ドジなところがあるタオス

実は我が家で再び犬を飼い始めのは、京都のカメラマン氏の熱心な説得以外に、もうひとつのエピソードがあった。

そのエピソードとは次のような話だ。

信州の実家にウォッカを預けたが、実はウォッカの脱走後、実家でコリーを飼っていた。その実家の両親がヨーロッパへと旅行することになり、その間、約半年間ほど、我が家でそのコリーを預かっていた。我々がちょうど河口湖に移り住んだ頃で、長男は当時、保育園に通っていた。

我が長男は早起きが苦手で、中学3年になった今でも妻を困らせているが、その長男が驚いたことに、毎朝、そのコリーを散歩に連れ出したのだった。

河口湖は寒冷地で、厳冬期には氷点下15度以下になることもあるが、その厳しい寒さの中、幼い長男が、自分のからだよりも大きなコリーを散歩に連れて行く姿に、我々夫婦は幾度も目を潤ませた。

「我々には犬を飼う資格はないけれど、子どもたちには……」

なんて親バカぶりを発揮し、ナヴァホを飼うことにしたのだ。

ところがナヴァホの場合、長男はまったく散歩に連れて行こうとしない。おそらく躾のされていない仔犬の散歩が、長男には難しかったのかもしれない。

そのことをボクが指摘すると、長男は抗う。

「今度こそきちんと世話をするから！」

結局、2匹のアイリッシュが我が家にやってくることになった。

犬種が違えば当然のこと、同じ犬種、しかも兄妹でも性格が随分と違うものだ。ラブラドールのナヴァホは、さきほども言ったように、枝を投げてやると何度でも飽きずに回収してくる。ラブラドール・レトリバーの「レトリバー」は、日本語に訳せば「回収してくる者」という意味なので、その性格も頷ける。きっと主人が狩猟で仕留めた獲物を、嬉々として回収してくるのに相応しいのだろう。

かたやアイリッシュ・セッターはどうか？　セッターも狩猟犬種である。「セッター」とは獲物の所在を「伏せ」の姿勢でハンターに知らせる（セットする）ところから、この名前が付けられた。だが投げた木を追いかけはするが、手に入れると、その場でガリガリとかじって離さない。が、これは兄のタオスに限った話。妹のサンダンスはなんの興味も示さない。ナヴァホとタオスが一心不乱に木を追っても、

「私にはなんの関係もないことよ！」

と言いたげに、我々の足元から離れない。しかし、彼女にも狩猟本能は十分に宿っている。

一度、こういう出来事があった。
我が家の脇からそのまま「東海自然歩道」へと繋ぐトレイルが続いている。そ

こは我が家の犬たちの絶好の散歩コースで、早朝にリードを離してやると、嬉しそうに全速で駆け廻る。

ある日の朝のこと。

サンダンスが逸早くそのトレイルに駆け込んだ。そして目の前を低空飛行していた野鳩を「パク」っと、一瞬にしてくわえたのだ。

ボクは慌てて「ダメだ！」と叫び、その声に驚いて、サンダンスは鳩を口から放したが、その素早さは目を見張るものがあった。

サンダンスはシャイな性格で、我が家に来客があっても、3匹の犬の中でも一番遅く、その人物に近づいた。

そのサンダンスが一昨年のクリスマスの朝に急死した。

朝、散歩をさせようと小屋に近づいたら、横たわって動かなくなっている。そばに居たタオスも心配そうだ。

急いで病院に運び、人工呼吸や点滴などの蘇生を試みたが、数時間後に息を引き取った。

理由はなんらかの原因で胃を捻らせたらしく、胃の急激な膨張によって内臓が圧迫された為だと、その病院の医師は我々に説明した。そして最後に付け加えた。

「もう少し早く連れてくれれば助かったかも…」

その言葉に、ボクも妻も、自責の念にかられた。

そして1年後の冬。

妻がタオスの様子がおかしいと言う。就寝前の時間だったが、病院に連絡をしてすぐに連れて行った。

すると同じ医師が、

「しばらく様子を見よう」

と言った。

だが翌日、タオスはサンダンスと同じように息を引き取った。

医師によると原因は同じ。サンダンスの時には、

「もう少し早ければ」

と彼は言った。

我々はその言葉に1年間、苛まされ、もう二度と同じ轍《てつ》は踏むまいと誓い、そして今回はタオスの異変に素早く気付き、そして病院に連れて行ったが、それも叶わなかった。

タオスは長い足を持て余し、散歩中にその足を木に引っ掛けて転ぶほどドジな

雪の中でたわむれるタオスとサンダンス

犬だった。アイリッシュ・セッターは優雅だと評されるが、我がタオスに限っては、ドジで滑稽な犬だった。その点、恥ずかしがり屋のサンダンスは、キビキビとした動きで、小柄なからだの中にもアイリッシュの気品が漂っていた。

しかし今では、その2匹の犬たちの姿を見ることができない。

そして今、ナヴァホの衰弱も著しい。

今年のお正月にタオスが居なくなってから、ナヴァホが急に年老いたように思えた。

寂しそうでもあった。

タオスとサンダンスが我が家にやってきたとき、ナヴァホは吠えもせず、尻尾を振って2匹の犬を迎えた。そして緊張したのか、ウンチを漏らしてしまった。

そんなナヴァホの様子に、みんなで大笑いした。

その日のことが鮮明に想い出される。

あの日、3匹の犬とボクたち5人の家族は、笑い声に包まれ、賑やかな暮らしを予想して、とても愉快な気分でいた。もしナヴァホが死んでしまったら、ボクは今度こそ二度と、犬を飼わないつもりでいる。

きっとまた、いつか逢える…

やまだ紫

やまだ 紫　*Yamada Murasaki*

漫画家・エッセイスト・詩人。
1948年東京生まれ。
'69年「COM」でデビュー以降精力的に作品を発表。
著書は『性悪猫』『しんきらり』（ちくま文庫）
『どうぞお勝手に』（中公文庫）
『樹のうえで猫がみている』（デジパッド）他多数。
最新刊は『愛のかあたち』（PHP研究所）。
現在自身のペットロスをテーマにした単行本を執筆中。
公式ホームページ『やまねこねっと』
http://www.yamanekonet.com/</PRE></BODY></HTML>

これまで私は幾匹の猫を看取ってきただろう。

寝室の箪笥の上には、猫たちの小さな骨壷がいくつも並んでいる。行方不明になってしまった子も居たので、その子の骨は無い。

猫たちの中には、私の子供たちと一緒に育ったような長生きの子もいた。十八年生きたのだ。次の子も、十七年。

あまりに長い付き合いだったので、私はその死がどうしても諦めきれず、思い出しては泣き、写真を見ても胸が痛み、もっと何かしてやれたことがあったのではないかと、いつまでも後悔が残った。

もちろん、二十年近く生きた、共に暮らせたということは「天寿をまっとうした」ということなのだろう。その意味においての後悔はない、むしろ誇りに近い思いさえある。ただ、やはり「家族」の最後を看取るのはつらい経験なのだ。

今年（二〇〇四年）の早春にも十一歳だった「マル」という雌猫を亡くした。

それは、あまりにもあっけない死だった。

マルの様子が何だか変だ、と気付いて連れ合いが病院へ連れて行った時にはもう、「今夜が峠です」と医師に言われたそうだ。

その日私は原稿の締切間際で出かけることが出来ず、学校の講師をしている連

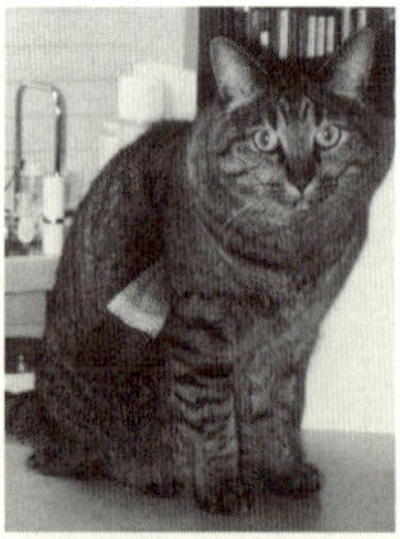

かつて共に暮らした猫たち
上から・マル（11歳）
そう太（17歳で没）
マイ（18歳で没）
ジロー（7歳で没）

れ合いが出勤する途中にかかりつけの病院に預けたのだ。そうして下校時にマルを引き取ったのだが、その時にはもう「手遅れ」だったそうだ。

「マルが食べてないようだね」

連れ合いとマルが食事を摂らないようになったのに気付いたのは、小雪の舞うひどく寒い日だった。前の日に私がマルにいつものように「ごはん？」と声をかけると、「ニャア」と鳴いて、乾燥餌にパックのおかかを少し降りかけてあげると、ほんの少し食べたので、安心したばかりだった。そうして次の日、とうとうご飯を食べなくなったかと思うと、あっという間に水さえも飲めなくなってしまったのだった。

私たちはひどく慌てた。抱き上げてスポイトで口に水を含ませてやったり、タオルでくるんで暖かくしてやったりしたのだが、持ち上げたマルは体重がひどく減っているのがわかった。そのうちスポイトで水を無理に飲ませようとしても、首を振って嫌がるようになり、それ以外はじっと動かなくなってしまった。居間のテーブル下のつづらの中か、連れ合いの仕事机の椅子の上でじっとしているだけで、時々ヨロヨロと出てきては寂しげな声で「ニャオン」と一声二声鳴いたりもする。

「老衰なのかねえ」「でもまだ早いよ」

私たちは心配だったが、どうすることも出来なかった。数日前まで元気だったから、ひょっとしたら一時的なものかも知れないというかすかな希望もあったのだけれど、水を飲めなくなったことで、事態の深刻さに否応なしに気付かされた。

心配したあげく、私はマルを譲り受けた猫友達のMさんに電話をして、容態を詳しく話した。Mさんは野良猫を見つけると餌をやって保護し、去勢や避妊手術を自費で施して、貰い手を募ったりされている方だ。マルも、そんなMさんが保護した捨て猫だった。

「大丈夫、きっと治るから。諦めたら駄目よ」

Mさんはそう言って励ましてくれた。そうして、連れ合いが最後の望みを託すべく、病院へ連れて行ったのだった。


病院から帰ってきた連れ合いはひどく暗い顔をして、

「…旦那さんが帰るまで持たないかもと思った、と言われた」

と言った。食欲が落ちたと思ったら、こんなに早く水も飲めず、死に至るということがあるのだろうか。原因も不明だという。検査を受ける体力ももうない、ということだった。

私はぐったりとしているマルを見て、胸が痛んだ。その日の夕方、マルをタオルにくるんで抱いた。マルは弱々しい呼吸をしているだけで、その軽さが悲しかった。寝ているようにも見えたので、テーブルの下のつづらに入れてやり、前の晩から心配でほとんど寝られなかった私は、そのままソファでうとうとしてしまった。

連れ合いはその間、どうしても終えなければいけない仕事のため、居間に続く仕事机でパソコンに向かっていた。時折、お互いに気付いてはマルの様子を見て、呼吸をしているのを確認しては安心していた。

　夜になり、連れ合いの仕事がようやく終わった。居間のソファに腰掛けてテーブルの下のマルを見ると、かすかに呼吸をしていたので、安心した次の瞬間、マルが突然前足と後足でけるような格好をし、激しく痙攣したという。

「マルが！」

　という連れ合いの声で私はソファから飛び起きた。

　私は、

「つづらから出して、毛布ごと！」

　と言い、マルをひざの上に乗せた。マルは痙攣が止まると、静かになった。連れが静かに、

「…死んだ」

　と言い、私は、

「わぁっ！　マル!!」

　と泣いてしまった。思わずマルの痩せ細った体を何度もなでてやると、マルは、

「くぁっ！」

と一呼吸した。なでたのが心臓マッサージになったのか、マルはその後断続的に、

「カッ…クァッ…」

と数回呼吸をすると、再び静かになった。胸に耳を当てるとまだ心臓がかすかに動いていたが、それもやがて止まった。

マルは、私の腕の中で、死んだ。何もしてやれず、こんなにあっけなく逝くなんて、と思うと涙が止まらなかった。私も連れ合いも、

「まるで俺の仕事が終わるのを待っていてくれたみたいだ」

と言って泣いた。

マルは私を特に好いていた子だった。いつも私につきまとい、飛び上がって胸に抱きつくような甘えっ子だった。正直に言えば、そんなマルが鬱陶しい時もあった。だからまだ後悔が残っている、もっと可愛がってやれたのではないかと。

幾匹かの子を旅立たせた経験から、いつまでも悲しんでばかりではいけないと、心が憶えている。共に暮らし、心に和みをくれた子たちへ「ありがとう」と言っ

シマ

て送りたい。人間とてそうだと思うが、自分が死んだ後で、残した家族がいつまでもメソメソとしているのを見たくはないと思う。出来れば、いい思い出を忘れずに語り合い、楽しく笑っていて欲しい。猫たちもきっとそう思っているだろう。

マルが逝ってしまった後、思っていたより深く私たちは落ち込んだ。あまりに急な死だったので、心の準備も出来ておらず、整理もつけられない日が続いた。このままじゃいけない、そう思った。一匹に残されてしまった、若い雄猫のシマも寂しそうだ。

私はマルを引き取ったMさんに電話をした。この悲しみを癒してくれるのは、新しい家族だと思ったからだった。Mさんは保護している猫を引き取らせてくれ

シマとマル

ると言ってくださった。

そうして、真っ白な子猫がやってきた。

連れ合いが雪のように白いからと「ユキ」と名づけた。ユキは生後半年足らずの野良猫だったから、しつけが出来ていない。部屋の隅で粗相を繰り返し、叱ると数時間も暴れまわって私たちを悩ませた。連れはあまりのことに
「やっぱりこの子はうちには無理だ」

と匙を投げかけた。私はこの真っ白で青い眼の子猫にすっかり一目ぼれしてしまったので、思わず、

「嫌！」

と号泣したこともあった。マルが逝ってしまった、そしてまた授かったユキを簡単に失いたくなかった。

猫は綺麗好きだ。トイレを常に清潔にしてやらないとならないし、淋しがらせるとその人のベッド等で尿をもらしたりする。頭の良い子ほど、人にそれらを知らせる。

マルも頭の良い子だった。

はじめて猫友達のMさんのお宅に伺ったときに、たくさんいた子猫たちの中か

ら、ぴょんぴょんと走ってまっすぐに私の胸めがけて飛び込んできたのが、マルだった。決して器量がいいとは言えない容姿だったけれど、私の胸でごろごろと喉を鳴らすのを見て、もうこんなにされては引き取らないわけにはいかないと思った。それほど、この小さな命が愛しいと思ったのだ。

それから十一年マルと暮らした。その別れが余りにあっけなく、私はいまだに

「この猫をちゃんと愛せたろうか、この猫を守ってあげられたのだろうか」

という答の出ない自問を繰り返した。マルは賢く、自分を人間のように思っていた子だったから、他の猫が来ると嫉妬し、連れ合いや私の机の下で雄猫がするようなテリトリー主張のスプレー尿を繰り返しては、私たちを困らせた。

「私のもの、私の場所」

と言っているのだ。

これは「知能」だと思う。けれどしょせんは猫だ。私たちは粗相を叱らねばならない。他の猫もしっかりとその様子を見ている。

「自分を愛して」

とただ伝えたい一心の猫を叱るのは、辛かった。叱っても叱っても、すぐに胸にすがりついてくる。

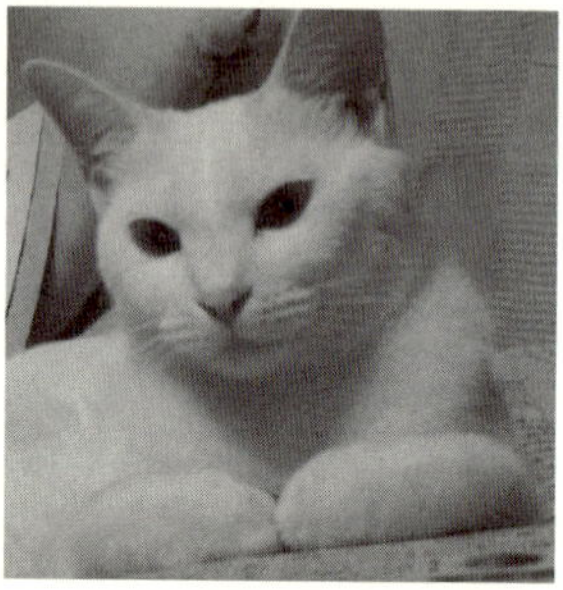
耳の聞こえない猫のユキ

「あなたは私だけを愛して」

そんな強すぎる愛情を、私は持て余すときもあった。そして、思いもしなかった別れが訪れて初めて、もっと愛せたのではないかという後悔に胸が張り裂けそうになる。

私は猫との別れに泣くのは嫌だ。けれど共に暮らした日々は忘れられず、思い出すたびにどうしても涙が溢れてくる。その悲しみを早く忘れたくて、ユキを引き取ったのだ。

ユキはアルビノかと思われるほど真っ白で、地肌は全身ピンク色だ。瞳は真っ青だが光を当てると赤く光る。避妊手術を施されたあとの包帯も痛々しい状態で我が家にやってきたのだけれど、ケージから解き放つとすぐにあちこちを元気に飛び回った。なでてやるとすぐにゴロゴロと喉を鳴らし、ちょっと曲がったしっぽをピンピンと嬉しそうに震わせる、人なつこい子だ。

マルが逝ってからひどく沈み込んでいたシマはユキの元気に振り回されていた。私たちもトイレのしつけ、ユキが暴れて落とした小物の片づけと、一日中この白いおてんば娘の世話に翻弄された。そうして気がつけば、確かに私たちのマルを失った悲しみは癒されていたのだった。

ユキが来て二週間ほど経った頃だった。それまでも家人が外から帰ってきても無反応のままソファで寝ていたり、床の上で寝ている時に大きな音がしても微動だにしないのでヘンな子だな、とは思っていた。けれど私たちは子猫だから、一度寝たら熟睡するのかな、などと話し合っていた。だがあまりに音に反応しないので、連れがひょっとして耳が聞こえないのかと思い、ユキの背後で手をパンパン叩いたり、カシャカシャと音をたてたりしてみたが、やはり無反応だった。

ユキは耳が聞こえない猫だったのだ。

これでは外で野良としては生きていけなかっただろう。車の音も気付かないだろうし、何より猫嫌いや意地悪な人間の威嚇の声にも反応できないから、事故にあったりつかまったりする危険が大きい。耳が聞こえないことに気付いてからは、この小さな子が不憫で、いとおしい気持ちが強くなった。

私はさっそくユキに「手話」を教えることにした。ごく日常的で基本的な動作、「おいで」「ごはん」「駄目」の三つから始めた。

ユキは耳が聴こえないせいだろうか、目がよく働いているように見えた。じっとTVの画面を見ては時折画面に飛びついたり、連れ合いのパソコン画面に映るマウスカーソルにじゃれついたりする。私の手話も、すぐに覚えた。もちろん、猫は理解したところで、気が向かねば言うことはきかない。そこが犬と違って難しいところではあるのだけれど、逆にそういう「駆け引き」も、猫と暮らす醍醐味だと私は思う。

そうして私たちはマルとの別れの悲しみから少しずつ解放されていった。

よく、人々は自分が愛した犬や猫の死を経験し、

「もうこんな悲しみを再び味わいたくはない」

という。けれど、私は逝ってしまった子のことをいつまでも惜しみ、長く悲しんでいてはお互いに良くないと思うのだ。

早く美しい花の咲く安らぎの場所へ送ってやるために、「もういいよ」と言ってやりたい。そうして、その子たちから貰った大切なものに感謝し、自分も安らかな気持ちを得たい。

私たちは生き物に対して、どう付き合っているだろうかと、時に考える。犬猫に限らず、牛や馬の瞳の美しさを見ているのに、それを食べる。頑なに肉食を拒否する人もいる。私もどちらかというと菜食的だけれど、やはり肉を食べる時もある。菜食だと言ったところで、結局は植物の命をいただいている。しょせん、人間はほかの生き物の「いのち」を奪って生きているのだ。植物を愛でたり、動物を飼って共に暮らしたりしながら、それらを食べたりしている。人は勝手な生

ユキ

き物だ。

だがせめて、人間と共に暮らした動物たち、私はそれを「ペット」という言葉で呼びたくはない。互いに色々な体験をし、愛し合い、逝ってしまった大切な家族たち。一方的な「愛玩」ではなく、互いの愛は通じ合っていたと思いたい。

そして、もし本当にそうだったら、きっとまたいつか逢えるのだと思う。私たちもやがて逝くであろう世界の道程にある、「虹の橋」で。

リトリバー一筋三十年

油井昌由樹

油井 昌由樹　*Yui Masayuki*

鎌倉生まれ。夕陽評論家・俳優。大学卒業後、世界一周旅行に旅立ち、世界のアウトドアライフに魅せられ、多くのアウトドアグッズを日本に持ち帰る。

1972年、輸入会社「SPORTS TRAIN」を西麻布にオープン。以降、アウトドアの先駆的存在として知られる。

著書に『アウトドアショップ風まかせ』（晶文社刊）

『夕陽評論家のライフデザインノート』『ごめんなさい』

（パルコ出版刊）『サンセットの旅人』など多数。

俳優としては黒澤明監督作品『影武者』『乱』『夢』

『まあだだよ』他、多くの映画に出演。

テレビ・ラジオ・雑誌・講演など、活躍の場は多岐にわたる。

オレが犬を飼いたいと思うようになったきっかけは、子どものころに見たディズニー映画『3匹荒野を行く』にまでさかのぼる。タイトル通り、夏の間に飼い主の都合で遠い知り合いの家に預けられた2匹の犬と1匹の猫が、自分の家を目指して旅をするという物語だった。

猫はシャム猫。2匹の犬のうちの1匹がブルテリア、残るもう1匹がラブラドールリトリバー。映画の中で初めて目にしたラブラドールが颯爽としていて、そのころ家で飼っていたスピッツとは大違いで、じつに格好良く映った。

ラブラドールリトリバーという名前は、母親から聞いて知ったのだが、

「あの犬が欲しい」

と言ったら、

「あんな大きな犬はウチでは飼えない」

と、一喝されてしまった。

このとき以来、子ども心に自分で犬を飼えるようになったら、この犬にしようと心に決めていた。

そして、今から30年ほど前、西麻布に自分の事務所を構えるようになって、念願のラブラドールを手に入れた。今でこそラブラドールリトリバーと言えば、犬

好きの人ならほとんどの人が、どんな犬だかわかるようになったが、当時はそんな犬種を知っている人はめったにいない。犬を連れて散歩していると、

「日本犬ですか?」

とよく聞かれたりしたが、説明するのも面倒なので、

「そうです」

と答えていたように記憶している。

名前はジョン太。生後6週間くらいのときに四国のブリーダーさんから引き取った。以来、何をするにもいつも一緒だった。海外にこそ連れて行ったことはなかったが、旅行に行ったり、キャンプに行ったりしながら、彼からは本当に多くのことを学んだ。

結局、10年間一緒に暮らして、最後は肥満細胞腫というガンで亡くなったが、病気がわかったのは亡くなる約1年ほど前だった。手術で入院することもあったが、この時期にもジョン太はオレに大事なことを学ばせてくれた。野生の血がそうさせるんだろうけど、彼は息を引き取る直前になるまで、けっして辛そうな様子を見せたりしなかった。

たしかに、野生の動物が自然界で弱っている様子を見せたら、外敵に襲われて

しまうからだろうけど、その勇ましい姿はすさまじいほどだった。動物たちは、その一瞬一瞬をつねに本気で生きているんだと思う。自分も含めて、人間もそうでなければいけないと思った。

たとえば、オレは役者として何本もの黒澤明監督作品に出演させてもらっているけど、時代劇物や合戦物が多いから、必然的に馬に乗るシーンが多くなる。役者たち（人間）はリハーサルができるけど、馬（動物）はリハーサルとは思わな

えっちゃん

い。つねに本気だから。

しかも、馬は利口だから、同じことを2回やると、どこで走ってどこで止まればいいかなど、すぐに覚えてしまう。そうすると、生きた馬の動きが撮れなくなってしまう。黒澤監督はそれをご存じだったから、本番と同じところを馬に走らせたりはしなかった。

私は、人と犬も、野生同士の本気のつき合いをしないといけないと思う。

最近よく耳にする言葉に、〝ペットロス症候群〟というのがあるけど、オレにはよくわからない。たとえば、可愛がっていた愛犬が亡くなって、

「もう私は犬は飼わない」

と決め込んでしまう人も多いというが、ペットロス症候群の一番の解消法は、つぎのペットを飼うことではないかと思っている。

もう猫は飼えない、犬は飼えないではなくて、みんなひとつの性格、個性を持った一個体なんだから、その子とどうつき合ってきたか、今度の子とどうつき合うかが大事なのではないだろうか。ペットロス症候群になってしまう人は、結局、過ぎてしまったこと、終わってしまったことにこだわりつづけているということなんだろう。自分だけ取り残された、自分はどうしたらいいんだろうという、自

己中心的な考え方なんじゃないかと思う。

動物たちは明日のことなんて考えないから、今の一瞬を懸命に生きている。もちろん、過去にこだわったりなんてこともないはずだ。人間だって、本当は明日がどうなるかなんてわからないのに、今日できることを明日にまわしたり、今月の給料を当てにして行動したり、計画を立てたりしている。

人間も一瞬一瞬を本気で生きるという、いい意味での野生を取り戻すべきではないかと思う。これもジョン太から教えられたことのひとつだ。

ジョン太が亡くなる半年ほど前に、ある友人からゴールデンリトリバーのオスの子犬を譲り受けることになった。だから、ジョン太の2代目を飼おうか飼うまいかなどと悩むこともなかった。

一代目のジョン太とともに

2代目のゴールデンの名前はえっちゃん。彼もジョン太と同じく、肥満細胞腫で九歳で亡くなるんだけれど、彼も頭のいい、本当にいい犬だった。「待て」と言われると、いつまでも待ち続けるような素直な子だった。

彼が亡くなったときは、家族4人全員がさすがに落ち込んで、1年くらいは立ち直れないでいた。それでもまた飼いたくなったのは、リトリバーなどの大型犬を飼ったことのある人ならわかるだろうけど、あの抱きすくめたときの感触が、どうにも忘れられなかったからだ。

3代目は今一緒にいる6歳になるクロラブのアリス。3代目にして初めての女の子だ。この子は茨城県在住の医師のブリーダーから譲り受けたもの。この方は、手放した犬たちがその後どのように育てられているか、どのように育っているかを、追跡調査するという熱心な方だった。

アリスを引き取りに行ったときにも、1時間くらいトクトクと飼育の仕方を説明してくれた。そして、別れ際に私の渡した名刺に再度目を落として、その方がハッとしたような顔をしたのを今でもよく覚えている。

「油井さんって、もしや……?」

じつは私は、30年も前、日本にまだリトリバーなんていう犬がいることすら稀だった時代から飼っていたこともあって、リトリバーに関する本を書いたことがあったのだ。その方も何かの機会に拙著を読んだことがあったのだろう。

「あの油井さんだとは気づかずに、たいへん失礼しました」

と、頭を下げられてしまった。釈迦に説法をしてしまったと恐縮なされたのかもしれないが、私としてはアリスと巡り会えたことに心から感謝している。さすがに、オレのところには追跡調査はしてこなかったが……。

今は空前のペットブームと言われているようで、「可愛い！ 欲しい！」といった衝動で犬や猫や、その他のペットを飼ってしまう若い人も多いと聞くが、私は「可愛い！」で飼ってしまってもいいと思う。そのあとで世話すること、つき合うことのたいへんさやむずかしさに直面して、さまざまな経験を積んでいくことになるからだ。たとえ世話をしきれなくなって手放すことになったとしても、そこにいたるまでの課程をしっかりと学習し、今後に生かせるとしたら、それでいいんじゃないかと思う。

ただ、〝ブランド犬〟といったような呼ばれ方をして、人気があるから、高く売れるから、繁殖させて金儲けしようという輩がいることは許せない。命あるものを金儲けの道具にしようなんていう考えは、もってのほかだ。

ジョン太にも、えっちゃんにも、そして今一緒のアリスにも、私は本当に多くのことを教えられ、学ばされたと思う。だから、子どもたちにも飼えるようになったら、犬を飼いなさいとすすめたりしている。犬はそのときどきの自分を映し出してくれる鏡ともいえるし、こんなにストレートな頭脳を持った生き物は他に

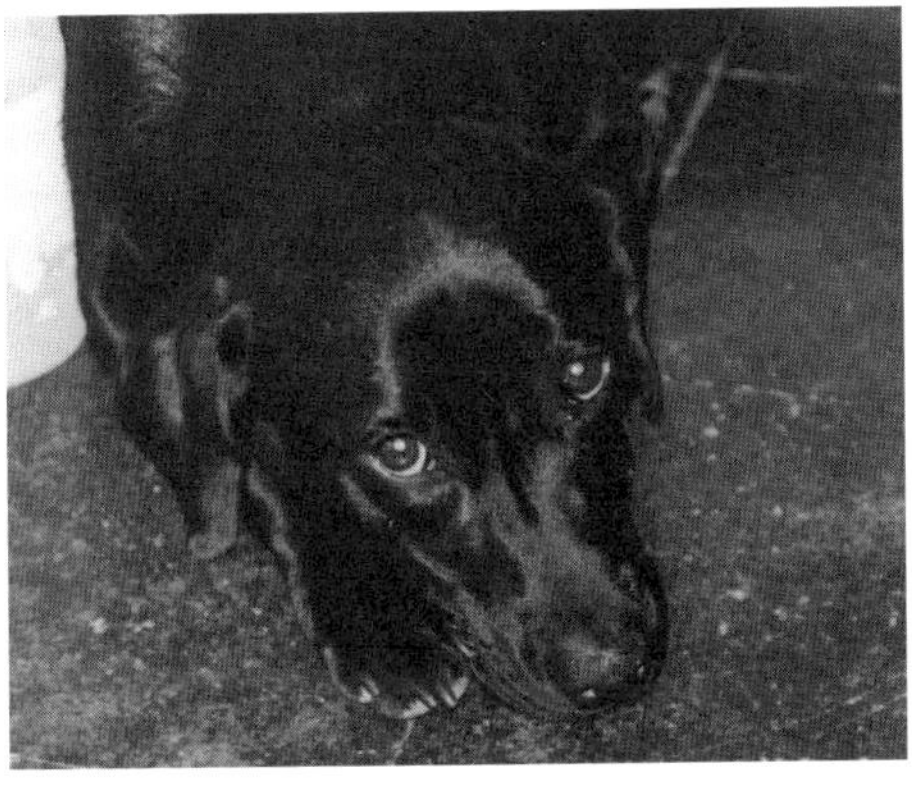

アリス

はいないと思っている。

自分より先に逝ってしまうのは、何度味わっても辛いけど、だからといっていつまでも悲しんでいることを彼らだって望んではいないはず。

オレは生前あんなに立派だった彼らだから、天国に行っても、きっと幸せに暮らしているに違いないと信じている。

環境が整うまで我慢しています

芦川よしみ

芦川 よしみ　*Ashikawa Yoshimi*

昭和33年東京生まれ。女優。子供の頃から児童劇団に所属し、昭和51年「花火」で歌手デビュー。同年、「雪ごもり」で、日本レコード大賞新人賞を受賞する。その後、女優に転身し、ＴＶドラマ・映画・舞台で活躍。
主な作品に『八代将軍吉宗』『おもいっきりテレビ』『水戸黄門・23部』『過ぎし日のセレナーデ』『付き馬屋おえん事件簿』（以上テレビ）
『エバラ家の人々』『仁義』『民暴の帝王』『ＮＡＧＩＳＡ』『フレンズ』（以上映画）
舞台では五木ひろし公演、西郷輝彦公演、吉幾三公演など多数ある。

私は今は犬も猫も飼っていません。近所に住んでいる友人がビーグル犬を2匹飼っていて、その家に遊びに行っては可愛がってあげています。彼らは私のことを、たまに会える恋人のように思っているかもしれません。顔を出したときに目一杯可愛がってあげるのって、なんだかお年寄りが自分のお孫さんを可愛がるのに似ているかも、なんて思いつつ、犬なのに猫っ可愛がりしちゃってます。

私が今ペットを飼っていないのには、じつは理由があるのです。

もともと私の両親は「生き物はいっさい飼わない」という主義でした。でも、動物好きの私は、物心ついたときから犬や猫を飼いたくてしかたありませんでした。当時は私が住んでいた東京にもまだ空地や原っぱが残っていて、そばの空地に捨てられている子猫を見つけたりすると、つい抱いて帰ったりしたんですけれど、すぐに親に「戻してきなさい」と怒鳴られて、泣く泣く返しに行ったりすることも何度かありました。

そんな経験をしたこともあったので、いつか一人暮らしをするようになったら動物を飼うんだと強く心に決めていました。

そして、芸能界にデビューして、一人で暮らすようになってすぐ、念願の犬2匹と猫2匹を飼いはじめました。犬はマルチーズで、ラッキーとチャチャと名づけました。猫のほうは雑種で、1匹は病気の子で、誰も引き取り手がいないのをもらい受けて、病院へ連れていって看病したのを今でも鮮明に覚えています。

もう20年以上も前の話なんです。間が悪いことに、そのころから私の仕事が急に忙しくなり始めて、家を空けることが多くなってしまったのです。そのたびに知り合いに預けたりしていたんですが、あるとき写真集の撮影で、長期間海外へ行かなければいけなくなり、いつものようにそれぞれに知人に預かってもらうことにして出かけました。

ようやく撮影を終えて帰ってきたものの、その後のスケジュールが詰まっていて、家に落ち着くヒマがまったくありません。引き取ってきたとしても、またすぐに預けなければいけなくなるのが目に見えています。どうしようかと悩んだ挙げ句、私は決断を下しました。

子供の頃からの夢だった犬や猫と一緒に暮らす生活を、あきらめるしかないと思いいたったのです。私の都合であっちへ行ったり、こっちに行ったりさせるのは彼らにとっては迷惑なことに違いありません。かといって、誰もいない家に置いておくわけにもいきません。知人たちに訳を話して、それぞれを引き取ってもらうことにしたのです。みんな事情をわかってくれて、快く引き取ってもらえたのは、今思えば幸いでした。

そんなことがあったために、私はいつの間にか不用意に動物たちを飼ってはいけないと自分を戒めるようになりました。

あれから20年、今はダンナとふたりでマンション暮らしで、私は相変わらず舞台公演などで家を空ける時間が多い状態です。夫は医師ですが、やはり仕事柄、

友人宅のビーグル犬と

家でのんびり過ごす時間が限られています。私にとっては、まだ動物と一緒に暮らす環境が整っていないのです。もう二度と同じことを繰り返したくないので、すべての環境が整うまでは我慢するつもりでいます。

でも、そのときがきたら何と一緒に暮らそうかと考えることもありますが、サルがいいかななんて最近思っています。チンパンジーとかオランウータンとか…。犬なら断然大型犬がいいです。頼りがいのある頼もしい犬、やっぱりセントバーナードあたりかな……。

そんなことを考えては、今は一人で楽しんでいるんです。

本草家夫婦と🐾印の同居人たち回顧録

外山たら

外山 たら　*Toyama Tara*

1945年、東京生まれ。

1968年、学習院大学卒業後、米国に留学しデザインを学ぶ。

留学中、西海岸で「自然に帰れ運動」が盛んになり、運動家の多くがハー　ブを栽培していたことがハーブ研究のきっかけとなる。

帰国後、広告会社のクリエイティブディレクターとして世界各地に赴き、　ハーブ研究を行う。

妻・道子と1973年に結婚。銀座などのギャラリーでハーブを使った「ハーバルデコアート２人展」を展開。

1994年、東京・青山にハーブとアートのギャラリー・ラテラを設立。

1999年、NPO日本コミュニティガーデニング協会設立。

日本全国の小中学校にハーブガーデンを造成し、児童・生徒にハーブを通じた自然学習の指導を行っている。

現在、ラテラ代表取締役社長
NPOジャパンハーブソサエティー理事
（社）日本特産農産物協会認定マイスター
グリーンアドバイザー東京副会長。

道子は「ハーブとアートのラテラ」主宰
NPOジャパンハーブソサエティー認定ハーブスペシャリスト。

共著に『やすらぎのハーブクラフ』など。

僕はペットという言葉はあまり好きになれないので🐾印の同居人という呼称を使わせていただく。

結婚生活35年、おもいだすと🐾印の同居人無しの時代は無かったことに今更ながら気づく。東京の保谷市に新居を構え、そこで8年暮らし、その後両親と同居するためにさいたま市に移って27年。現在の🐾印の同居人は、姉妹猫2匹とグッピー20～30匹（急に増えたり減ったりするので数は流動的）である。

われわれはハーバリスト（本草家）をなりわいとしている。見沼田圃にラテラ・ファームという名のハーブ畑を持ち、それを材料に東京・青山のラテラ・ハーブスクールやいくつかのデパートのコミュニティーカレッジでハーブの栽培や利用法を教えている。いわゆる先生業というやつだ。このラテラ・ファームには数々の🐾印の同居人たちがねむっている。

「虹の橋」は天国の手前にあるそうだが、われわれ夫婦は現世のラテラ・ファームで彼らに会うことができる。

「茶虎猫のチビ（改名して現在は、緋牡丹お竜）」はレモングラスの側で背筋を凛とのばしてあたりを睥睨《へいげい》している。「間抜けなボクサー犬ダン」は蝶々を追いかけて駆け回っている。「スピッツのシロ子」。彼女は次女に拾われてきた1～2才位の迷い犬で、とても従順で可愛いのだけど、どこか陰のある雌犬だった。恋人ができて妊娠したのを我々は中絶させ、その後の手当てがわるかったようで死なせてしまった。今でも思い出すと悔いののこる🐾印の同居人だった。そのシロ子もラテラ・ファームに暮らしている。ローズマリーの株もとが彼女の住まいで、われわれが行くたびに、やさしく出迎え、

「そんなに悔やまないで……私はこうして幸せに暮らしているのですから」

と云ってくれる。次はノラ猫の「さすらいのクローニン」。彼は今から3年ほど前、よれよれの状態で我が町内にやって来たさすらい猫だ。年もわからないほど衰弱していたが、なぜか僕の後をよたよたしながらついてきて離れない。頭や体をさすってやると目を閉じて眠っているように横たわる。多分ガンの末期だったのではと思う。我が家にはすでに姉妹猫（とても外部の猫には冷淡で優しくない！）がいたので、家に入れるわけにいかなかった。ガレージに即席のハウスをつくりクローニンの住まいとした。食欲もほとんどなく、僕にさすってもらうのだけが唯一の喜びだったようだ。ひと月ほどこうして暮らすうち冬の寒さがやって来た。ガレージには我が家の乗用車がとめてあり、帰宅したばかりの車の下はあたたかい。毎朝僕はクローニンの状態を見に彼の住まいを訪ねた。ある朝、住

ラテラ・ファームとミチコさん

まいにいないので車の下を覗くとクローニンは車の下で寝ていた。あわてて危ないからと住まいに戻した。こんな朝が何度か続いた。ある朝、家人に急用ができ、あわてて車に乗り発車した。……………………この後の出来事は筆にできない。

そのクローニンもこのハーブ畑の住人だ。病床の時の彼の姿しか僕の記憶にはないので、カモマイルの花をかじったりじゃれついたりしているクローニンは別人（別猫？）のようだ。

　彼は僕にこう云った。

「実はあれは僕自らが望んでしたことなんです。あまり体が苦しかったから……、早く天国にいきたくて……」

　クローニンも現在ハッピーニャンと改名した。

ここまで夫・タラが記した回顧録

これより妻・ミチコさんが記す回顧録

　今から35年前のクリスマスに、主人がプレゼント用の大きなリボンを首につけた「ダン」をつれてきました。「ダン　オブ　ロイヤル　ドリーム」……血統証

つきのボクサーと云うと精悍でたくましい犬を想像されると思いますが、ひと目見たとき吹き出してしまいました。

生後3ヶ月のこのボクサーはちょっと大きめの猫ぐらいの大きさで、頭ばかり大きな3頭身。大きなきらきら光る瞳はどう見てもギョロメ。おまけに黒ぐろツヤツヤの鼻には、ピンクの立派な月形半平太のような三日月があるではありませんか！　きょとんと私を見上げた顔の可愛いこと！。

何でも、生まれる前から予約されていたお客さんが顔を見て？　キャンセルしてしまい、1匹だけ残ってしまっていたようです。年末にかかるので大幅にダンピングされていたのではないかと想像してはいますが、いまだに主人は値段を教えません。主人は時々、ダンにむかって、

「君はキャンセル犬なので、あまりいばって吠えたりしてはいけませんよ」

などと話しかけていました。

当時我が家には2ヶ月前からの先住人チビという賢い雌猫が、やっと市民権を得てのんびり暮らしていました。彼女は私達が引っ越して来て、大工さんが入って内装をしているときから毎日、毎日遊びに来ていて大工さんのお弁当の残りを貰って食べていた迷子の小猫です。

主人も私も動物は大好きなのですが、私たちが結婚するときの主人の条件は、〈猫だけは飼わない！〉

なぜかと云うと私の実家は猫屋敷。犬も鳥も飼っていましたが多いときには猫14匹、犬1匹（父は犬派）、インコ3羽。当然家族にはわからない臭いがあったようで、デートの時「何か猫ションくさい女だな」と思ったそうです。

そんな訳で猫は飼いたいけど、我慢していたところにチビが現われたのです。工事も終わり、だんだん寒くなってくると、庭先でか細い声でミャーと鳴きます（決して猫撫で声ではありません）。或る日の急に冷え込んだ晩、根負けした主人の、「しょうがない入れて上げよう！」

の一言で家族の一員となりました。

たった2ヶ月前に家族になったチビはずーっと前から住んでいたような顔してダンにお姉さんかぜをふかせます。遊んでもらいたくてダンがちょっかいを出すとチビはボクサー並のストレート一撃、おかげでダンの鼻先はいつもピンクの三日月とひっかき傷の2本立てでした。

普通ボクサーは生まれるとすぐにしっぽを切り（この状態で我が家には来ました）、暫くしたら耳も切って精悍にするそうなのですが、我が家では可哀相なので耳を切る手術はしませんでした。
やっぱり訳があるんですねー。体つきはとても精悍ですが、耳を切らないとなんとも愛嬌のある顔なんです。耳の手術をしておいたらチビにも一目置かれていたかも知れません。それでも遊び疲れると日だまりで仲良くお昼寝です。日に日に大きくなるダン。家の荒らされようも尋常では無くなってきた或る日、買い物から帰るといつものようにチビのお出迎え、これがすごいんです。当時の仁侠映画の藤純子のように背筋をのばし、前脚をきちっと揃えて出迎えます。で家に入ると、テーブルの上の本や花瓶が散乱した部屋で、短いしっぽを懸命にふり、ごみ箱を頭にかぶって興奮しているダン。私は何もしてないわという顔してしらんぷりしているチビの顔を〈もうやめちゃうの?〉とのぞきこむダンのしぐさに、もう怒ることができなくなってしまいました。

初めてダンを海に連れていったときのことは忘れられません。3月、私たちは海タナゴ釣に凝っていて、防寒具に身をつつみ、岩場で釣糸をたれていました。夕陽が赤く空を染め、波がキラキラ光ってとてもきれい。と、なにを思ったかダンが海に向かって走り出しました。足がつかなくなったら慌てて犬かき? 溺れているとしか見えない！　手招きしても、大声で呼んでもパニック状態ですからどうしようもなく主人が冷たい海に腰までつかって助け出しました。ロマンチストで好奇心の強いダンのことだから、きっとあのキラキラを取りに行ったのでしょう。幸いふたり共風邪をひかなくて本当によかった。

チビと私はお母さんになりました。チビは4匹生み、それぞれ貰われていきました。当時猫がベビーベッドに乗って赤ちゃんを窒息死させるという事件がおき、義母は心配しておりました。義母たちが我が家に遊びに来ました。いつもそんなことしたことのないチビがベビーベッドにポーンと飛び乗ったのです。それを見た義母は自分の飼っていた九官鳥の「きゅうチャン」を人にあげることにして、有無をいわせずにチビをつれていってしまいました。普通猫は家につくと云われますが、このチビは3回も引越しています。義母の家にひきとられて5年、義母が私たちと同居のために家を建て直す期間、我が家に戻ってきました。家が完成してまたみんな揃った新居に3回目の引っ越しをしました。18歳でガンで亡くなるまで、気高く、賢く、生きました。チビ（なんてクリエイティビティーのない名前を私たちはあんな気高い猫様につけたのでしょう）は、緋牡丹お竜さんと改名しています。

冬も終わり、温かな春になり、ダンも生後8ヶ月、体も大きくなったから、もうそろそろ庭で一人暮らしをさせようということになり、立派な犬小屋を作ってあげたのですが、嫌がってなかなか入りません。夜になると窓ガラスに鼻先をくっつけて鳴きます。夏頃にはやっとあきらめておとなしく小屋で寝るようになりました。

でも甘えん坊は直りません。人の体に触れてないといられなくて、人が座っている時は前脚を膝に乗せ、立っている時は脇腹を寄せてきます。こんな状態ですから、どこに行くときも連れていかないと私が帰って来るまで鳴いていて、ご近所から苦情が来る始末です。夕飯のお買い物に行くときも、どこに行くときも連れていかないと大変です。そうできない時は気づかれないようにそーっと静かに裏口から出て、遠回りして出かけたものです。娘も大きくなり、庭で一緒に遊べるようになると、ダンは娘のガードマンとして大活躍です。ころんで泣いてる娘の顔や手を舐めてあげたり、耳やしっぽを引っ張られても我慢して、吠えたり、噛みついたりしたことは一度もありません。庭で放し飼いしていたのですが、穴を掘って脱走するようになり、気立ての優しい犬ですが、知らない人が道で会ったら、あの顔ですから相当恐ろしく思えるのでしょう。

紐を付けたまま脱走したダンを追いかけていた時のこと、一定の距離に近づくと逃げ出し、彼は追い駆けっこして遊んでいるのです。そんなことの繰り返しで疲れ切ってしまった私は、ダンの向かう方向に40代の男の人を見つけ、その人に、

「紐を踏んで止めてください！」

と大声で叫びました。ダンを見たその人は、

「ひゃー」

と声をあげて逃げ出したその足に紐が絡まって転んでしまいました。ころんで破れたズボンを弁償し、お菓子を持ってお詫びにうかがいました。そして深く反省し、二度と脱走できないような頑丈な囲いと、鎖でつなぐようにしました。

それからのダンはあまり幸せではありませんでした。自由を奪われただけでなく、健康も害してしまったのです。フィラリアの予防注射を受けてから、下痢が続いて、食欲もなく元気がありません。お医者さんに診てもらい、1日置きに注射を何ヶ月しても一向に下痢が止まりません。お腹が膨れているように思い、実家の父に相談したところ、自分のかかりつけの獣医さんに連れていってくれました。

診断結果はフィラリア予防注射の際のヒソの分量が多く、肝臓に負担がきており、肝硬変を起こしています。お腹がふくれているのは尿が排出できないからと

云われたそうです。

いま考えてみると、その頃、私は2人目の赤ちゃんがお腹にいて、ダンにかける愛情が薄れていたのだと想います。そんな私の事情を察してか、父が、

「僕がきちんと面倒みてあげるから心配しなくていいよ」

と云ってくれました。

父に引き取られたダンは、毎朝逗子の海岸を半日かけて散歩して疲れると、用意してきたお昼ごはんの牛乳とあんぱんを父と二人で分け合って食べたそうです。

父にとっても、ダンにとっても最高に幸せな時間を過ごしたのではないでしょうか。大好きな海で波とたわむれたり、近所の小学生のアイドルとして愛されたダンは余命半年といわれながら、お腹が膨れてくると、水を抜いてもらいながら1年以上生きました。闘病生活は、

「獣医さんに『もうこれ以上水を抜いても苦しい思いをさせるだけだから……』と云われたよ」

と父から連絡があり、ため息と父の口癖の〈しょうがないか！〉で終わりました。

夫・タラと妻・ミチコさんの回顧談

タラ　ご一緒してから35年ですか！　ずいぶん沢山の🐾印の同居人がいたんですね！　10匹以上はいましたか？

ミチコさん　あなたが熱中していた熱帯魚、一時は水槽が18槽もあってあの中にいたお魚の総数を入れれば１００以上になると思いますよ。

タラ　それに君も僕も結婚前にも、それぞれ🐾印の同居人がいたわけだし……。

ミチコさん　そう、私は秋田犬のコロがいて、彼の犬小屋に寝泊まりすることもあったと母から聞いているわ。下丸子時代は猫屋敷、もう思い出せないくらい沢山の同居人がいました。

タラ　僕も浅草時代には、白毛の「ムク」がいました。浅草寺のハトをムクが追いかけ回したのを憶えています。

ミチコさん　ね……虹の橋のたもとに元・同居人たちが全員集まったら大騒ぎになりませんか！

タラ　たいへんでしょうね。

あとがき

この原稿依頼のおかげであらためて🐾印の同居人との暮らしの日々を思い起こすことができました。我々夫婦、父母、子供たちにとって🐾印の同居人は人生の様々な節目においてなくてはならない存在だったのですね。🐾印の元・同居人にあらためて「愛と感謝」を捧げ、虹の橋での再会を楽しみにしています。

You know
how much we are looking forward
to seeing all of you again!

ダンとチビ

死なれてたまるか！

花房孝典

花房 孝典　*Hanafusa Takanori*

1946年、愛知県名古屋市生まれ。

作家、評論家（アジア関係全般、グルメ、ファッション、落語、江戸文化等）。

主な著書に、『アジア・ビギナーズ・ブック』『コリア・ビギナーズ・ブック』『中韓仮想敵国のすすめ』『アブナイ中国』韓国を舞台とした小説『小説・柳（ポドゥナム）』『小説・無神論入門』『消せない呪い』『スペンサーを見る事典』『実録・大江戸奇怪草子』、『大江戸艶彩草子』など多数。

近著に『「冬ソナ」の韓国・真実のコリア』（当社刊）がある。

80年代、若者たちを風靡した『ホットドッグ・プレス』の名付け親でもある。

生きとし生けるもの、出会いがあれば別れがあり、命あるものも、いつかは終焉を迎えるのは世の常である。

物心がついてから、私の実家には、常になにかしら「生き物」、それは、時には犬であったり、猫であったり、小鳥であったり、金魚や熱帯魚であったりはしたが……がいて、当然のことながら、彼等はある時期が来れば、つまり、定命が尽きれば、我が家からいなくなる。

また、彼等は生き物の常として、代を残そうとする本能によって、新しい生命を仲間に加える……。そのような状態があたりまえだったので、逆に、それらの生き物に対して、ペットという感覚を抱いたことがなかった。

自我が確立される以前から、常に身の回りに生き物がいるという状態にいると、生き物の生き死にという事象は、ごく自然のことであり、自然淘汰、世代の交代に関して、特別な感情を抱いたことはなかった。

そんな意味で、私は「生者必滅　会者定離」という深遠な哲学を子供ながらに体得していたのかもしれない。

高校を終え、大学へ行くために実家を離れ、上京してからの、下宿暮らしの身の上では、当然、生き物を飼うこともできず、それよりも、その年代に相応しい興味の対象が、次から次へと現れては消え、とても、「他の生き物」のことを考える暇などなかった。

やがて、大学を終え、人並みに伴侶を得て、新しい生活が始まったけれど、当時の住まいは高層の共同住宅で、当然ながら小鳥や金魚、熱帯魚以外のペットの飼育は許されなかった。

その間も、盆暮れには、必ず実家に帰省した。

実家には、相変わらず生き物がいて、「にゃあ様」などと呼ばれてしたり顔をしており、帰省した我々の顔を眺め、興味もなさそうにプイとどこかへ出て行った。考えてみれば、彼等にとって、年に二回ほど現れる我々は、自身の縄張りに現れた単なる余所者であり、生活を共にする共同体の一員ではなかったのだろう。

という訳で、生き物を飼わない生活が長く続いたのだが、一度だけ例外的に小鳥を飼ったことがある。

あれは何年だったか、酉年の一月十五日、開け放した窓から一羽のセキセイインコが舞い入ってきて、私の頭の上に止まり、ピヨピヨ鳴きだした。その鳥は人慣れており、姿もきれいだったので、どこかの飼い鳥が逃げ出したのだろうと思い、張り紙を作って近くに張ったのだが、どこからも連絡はなく、

「酉年の正月に、鳥が入ってくるのは取り入るといってめでたい」

とかなんとか駄洒落を言って、結局、その鳥を「ピヨピヨ」と名づけて飼うことにした。

たとえ、小鳥といっても、飼ってやろうと思えば、いろいろ入費がかかるし、世話も焼ける。ケージは買ったものの、放し飼いで飼ったので、そこらあたりに排泄物をひり散らかすし、食事の時には、私の肩に止まって私の食べ物を横取りするし、時には、開いた口の中へ頭まで突っ込んだりした。

そのような状態は、本来なら潔癖症の私にとって、とても許されざる行動だが、それが気にならない自分に気がつき、

「なるほど、ペットとして生き物を飼うということは、こういうことなのか」

と、一人ごちたりした。

それから数年間、「ピヨピヨ」は、我が家の中を勝手気ままに飛び回り、私の食べ物を、時には略奪しながら機嫌よくすごしていたが、ある冬の朝、ケージの

中で冷たく、硬くなっていた。前の晩、ストーブのスイッチを入れてやるのを忘れていたための凍死だった。私は、少々狼狽し、手元にあった一番きれいな紙箱に硬直したピヨピヨを入れ、ご飯、食パンや蒲鉾《かまぼこ》など（ピヨピヨは、どういうわけか白い食べ物が好物だった）を隙間に詰め込んで、ケージとともに、そのまま団地のゴミ捨て場へ捨ててしまった。

ストーブをつけておいてやればよかったと、後悔らしき念は一瞬頭をよぎったが、二日もたたぬうちに、ピヨピヨのことは忘れてしまった。悲しいとも思わず、喪失感もなかった。これでは、本書の意図に反するかもしれない。

そういえば、こんなこともあった。父親が亡くなった通夜の晩、当時飼っていた猫が家中をウロウロしはじめた。どうやら父親を探しているらしく、猫は父親の寝ていたベッドや、その他、父親が普段座っていた椅子のあたりを、鳴きながら行ったり来たりしている。母親は、

「畜生でも、飼い主が恋しいんだね」

と言って、感じ入っていた。

葬儀の晩、家族で寂しい夕食をとっていたら、私に対し、かつて興味も示さな

かったその猫が、いきなり私の膝の上に乗って媚びるような態度をとった。

「はてな、どうしたんだろう」

と考えて、はたと気づいた。

たまたま私は、父が座っていた位置に座っていた。それを見た猫は、

「父がいなくなって、こいつがその後釜らしい」

と、考えたのだろうと……。そのとき、はじめてその猫を愛《う》い奴だと感じた。

が、それはあくまでもそのときだけのことで、その後、何度も帰省したが、猫は、あいかわらず私を無視した。この話も、本書の意図とずれがあるかもしれない。


ところが、ある時期から事情が変わった。

六年前、脳梗塞で母親が倒れ、我々夫婦は介護のため、実家へ戻らざるを得ない状況になった。このことが私の意識を変えた。私は介護に関しての書物を読み漁り、テレビの介護番組も必ず見た。

ある日、なにげなくテレビを眺めていると、施設に入ったお年寄りを癒す「癒し犬」という番組が目に入った。嬉しそうに犬をなでているお年寄りを見ていて、突然、犬を飼おうと思いついた。動物嫌いの家内に、恐る恐るそのことを述べる

と、意外にも、あっさりとＯＫが出た。

そして、一週間後、我が家に新しい家族がやってきた。ソルト・アンド・ペッパーのミニチュア・シュナウザー、私は彼に「福二郎」と命名した。

その日から、我が家の暮らしは一変した。我々夫婦には子供がなく、福二郎は

福二郎

我々に子育ての追体験をさせてくれた。当たりかまわず粗相をする。それを追いかけて始末する。私か、家内の姿が見えないと、大声で鳴き、私の後ろをついて回る、食べ物をもどす、医者に連れて行く……。犬を飼ったことのある人ならば、誰もが経験することを、つまり日常茶飯事を、今考えれば、大げさに騒ぎまわった。

当然のことながら、福二郎は日増しに大きくなり、それを目の当たりにした母親の顔に笑顔が戻り、言葉が出るようになった。彼は飼い主に手をかけさせた分、癒し犬としての役目を充分果たしてくれた。

介護という継続する作業は、肉体的にも疲れ、神経をすり減らし、介護が長引くうちに、私と家内のストレスはたまりにたまり、通常の精神状態ではなくギリギリのラインまで到達し、わずかなことでイライラし、不満が爆発しそうになったが、それを乗り越えさせてくれたのが福二郎であった。

母親を看取って、六年余りの実家での生活に終止符を打ち、再び仕事場を横浜に移した今、家内がしみじみと言った。

「福二郎がいたからこそ、夫婦別れしなくてすんだね」

その福二郎が、突然……と書けば、本書の意図に合うのだろうが、残念ながら、福二郎は、定位置の、今この原稿を書いている私のデスクの下に寝そべって、時時、上目遣いで私を見ている。

人間も含めて、生きとし生きるものには定命があり、その日は、私にも、福二郎にも必ずやってくる。犬の寿命から考えれば、それは私の生のあるうちにやってくるだろう。

その喪失感や悲しみを、ふと考えることがあり、目頭が熱くなることがある。両親の死去に当たって涙を流さなかった私だが、その日になったらと思うと自信がない。ペットロス症候群の話も、最近では理解できるようになった。

しかし、その日は、必ず来るし、私は万感の感謝を込めて看取ってやりたいと考えている。でも、正直な気持ちは、

「死なれてたまるか！」

どうやら、最後まで、本書の意図から外れてしまったらしい。

あるがまま、なにごとにもこだわらず…

藤井秀樹

藤井 秀樹　*Fjii Hideki*

1934年、東京生まれ。写真家。
52年、サン写真新聞報道写真賞授賞。
56年、写真家秋山庄太郎氏に師事。
60年、日本デザインセンター設立とともに入社。大手企業の広告写真を撮影する中で、スペイン写真広告金賞、朝日新聞広告賞、日本写真協会金賞など多数の賞を受賞する。
現在、日本広告写真家協会会長、日本写真芸術専門学校校長。
主な写真集に『からだ化粧』(日本芸術出版社)
デヴィ・スカルノ写真集『秀雅』(スコラ社)
『藤井秀樹　女優　写真集』(竹書房)
『救いと微笑み　愛と友情のアンコール小児病院』(自費出版)
『カンボジアと子どもたちの戦後』(丹精社)
など、多数ある。

孫のような存在の「ぺぺ」と「ポポ」

今、私の家では3匹の犬を飼っている。2匹は小型犬で名前は「ぺぺ」と「ポポ」。この2匹との出会いは冬の寒い日である。ゴルフの練習に行って、その帰り道に林の中から2匹の子犬が出てきた。2匹はどう考えても捨て犬にしか見えなかった。しかし私の家では、すでに「プリンス」という名の犬を飼っていたので、後ろ髪を引かれる思いで別れた。

家に帰り、家内に、

「今そこに捨て犬がいてねぇ、かわいそうだけど、そのままおいて帰ってきた」

と告げた。単なる報告のつもりだったが、家内の反応は違った。

「一緒に様子を見に行こう」

というのである。2匹を見た家内が、

「可愛い小犬ね。かわいそうだから家で飼いましょう」

と予想外のことをいう。私たちの思いは同じだったのだ。ダンボールの箱に入れて連れて帰ってきた。1匹は足にケガしていたので、すぐに病院へ連れて行った。

獣医が、

「骨折していますね」

というので、すぐに応急処置をしてもらった。

こうして「ペペ」と「ポポ」が私たちの家族に加わった。以来、10数年の付き合いになる。妻の「可愛い小犬ね」と言った言葉が2匹の運命を変えてしまった。わが家に来なかったら、今頃どうなったのだろうとふと考えたりするが、そんな私の気持ちも知らずにこの子たちは、家の中や庭を走り回っている。2匹とも幼かった頃のあどけなさをいまだに持ち続けている可愛らしい犬だ。

兄弟なのに性格が微妙に異なるところは、まさに人間と同じだ。「ポポ」はおとなしく、「ペペ」はやんちゃ。夜は「ペペ」、昼間は「ポポ」が番犬の役目を果たしていると思っているふしがある。夕方に選手交替しているようだが、実際は番犬にはならず、誰が来ても尻尾を振って近寄って行く。そこがまた可愛いところだ。「ペペ」は賢いけど、「ポポ」はどこかヌーボーとしている。

食事を与えると「ポポ」はおねえちゃんだから、まず「ペペ」に食べさせてから、残りを食べている。また「ペペ」が外に出て、どこにいったか分からなくなっても、「ポポ」がちゃんと連れて帰ってくる。音に敏感なせいか、雷が落ちると小さくなっているが、どちらも今の私たちにとっては孫のような存在だ。

自由奔放に暮らす「ルーシー」

もう1匹は大型犬のゴールデンレトリバーで、「ルーシー」という。米国のテレビドラマ『アイ・ラブ・ルーシー』から取った名前だ。以前飼っていた「プリンス」が亡くなり、3年ほど前にわが家に来た。子犬の時はぬいぐるみのような犬だったが、いまでは40キロを超えるまでにたくましく成長し、1ヵ月に1回は必ず連れて行くペットショップのシャンプー代は、私の散髪代よりも高い。家のテラスには「ルーシー」用の水洗トイレも作ってあげた。厳しく躾をすると盲導犬や介助犬で活躍する種類の犬だが、わが家では比較的自由に暮らしているせいか、本来の才能を発揮していないようだ。

しかしながら、本来おとなしく賢い犬だけに感心させられることも多々ある。そのひとつは人間の言葉を明らかに理解していると思われることだ。「新聞」と言えば、ちゃんとくわえて持ってきてくれる。また「ルーシー」のことが話題になっているときは、自分のことを話していると分かっているのか、何ともいえない表情をする。人も話題が自分に及ぶと、それぞれに表情が変わるが、それと同じだ。得意そうな顔をする時もあれば、申し訳なさそうな顔をする時もある。

いつも誰かの横に付き添っている。家内が家で一人になるときなど、横に付き添って、知らない人が来ると、門が開いただけですごい声でほえる。十分に番犬の役目を果たしている。あの声でほえられたら、泥棒もびっくりするだろう。いろいろな表情を見せてくれるので、一緒に生活していると飽きることがない。

私は写真家なので、撮影の仕事で海外に出ることも多いが、空港に向かう当日は玄関で「ルーシー」を何度もなでてあげる。数日前から撮影機材などを準備しているる姿を見ているせいか、しばらく家を留守にすることがわかるのだろう、いつもよりも必要以上にスキンシップを求めてくる。その時の顔はいかにも「忘れないでね」といった表情もするし、「留守は任せてね」といった表情もする。実に素直な愛情を表現する動物だなと感心させられる。

こちらが愛情を注ぐと、それ以上に愛情を返してくる。優しくすれば、期待している以上に優しく近寄ってくる。仕事を終え帰宅すると、飛んで走ってくる。車の音で分かるらしい。玄関先で迎えてくれるのだが、遠慮なく飛びついてくるのだ。身体も神経も仕事で疲れているが、いつもこの出迎えの儀式で疲れが一気に吹き飛んでしまう。

そうやって喜びの感情を出し終えると、安心したのか、いつもの自分の場所で横になっている。私が今日一日のことを思い返し、明日の予定を考えている時も、横で静かにしている。こうした日々を過ごしていると、いつの間にか身体も心も癒されてくる。

眠っている幼児がときおり無心に微笑むことがあるが、それを目にした時の感覚に近いかもしれない。いかにして癒されるかを考えて行動しているのではないのだろう。「ルーシー」と自然に接していることが救いとなって癒されていく。無理をせず自然に生きていくことがどれほど体と心に快適であるかを、「ルーシー」に教えてもらっているような気がする。

乗り越えることを教えてくれた「プリンス」

「ルーシー」の前の「プリンス」という名前の犬は今はいないが、メス犬だから、本来は「プリンセス」なのだろう。どちらかと言えば、女性というよりは男性っぽい顔つきをしていた。呼ぶときも、「プリンス」の方が呼びやすい。15年ほど一緒に暮らした。

どこに行くにも一緒だった。私にまさるとも劣らず家内も可愛がっていた犬だ。「ペペ」と「ポポ」を拾ってきたときには、自分が先輩になるので、「プリンス」はよく母親代わりになって子犬たちの面倒をみていた。

しかし、犬は人よりも早く年をとっていくため、「プリンス」と別れなければならない時がきた。

ある日、急に様態が悪くなり、病院に連れて行きレントゲンを撮ったら、眼に癌ができているという。「今晩が峠です」と言われた。一日でも長く一緒に暮らせるようにと願い、応急処置をしてもらった。抗生物質が効いたのか、それから1週間ほど一緒に過ごすことができた。可愛がっていた犬が歩けなくなる姿を見ると、本当にかわいそうだなと思う。犬の1年は人の6年にあたるという。ドッグイヤーで計算すると80歳まで生きたことになる。

晩年はやはり年老いて歩くのも大変そうであった。体力が衰えていくことが目に見え、食欲も減ってしまい、あまり食べなくなった。あれほど元気に走り回っていた犬が、どうしてだろうと当時は思っていた。できる限りのことはしてあげたが、「プリンス」は静かに永遠の眠りについた。

死が近づいていることを「プリンス」は本能的に知っていたのか、思い返せば、その日が近づくにつれて、これまで一緒に遊んでくれたことを感謝するように私たちを見つめた。必死に何かを伝えようとしている目は今でも忘れることができない。言葉が通じなくとも十分に感じあえるものがあった。私たちの気持ちも分かってくれたと思う。「ありがとう、プリンス」といって手を合わせて祈った。

愛犬を失うことは実につらい。涙が溢れて止まらない時期がある。思い出されることは、一緒に暮らして楽しかったことだ。今でも記憶として甦ってくるのは、車に乗せて高原に連れて行ったときのこと。自然の中を優雅に走り回る姿が目に焼きついている。犬は自然の中で飼うのが一番と感じさせられたのはその時だ。「プリンス」がうれしそうな表情をすることで、何度となく私の心は癒された。

人も同じだと思う。ちょっとしたことで相手が喜ぶことがある。そのことで人は癒される。愛するペットを失ったとき、その別れが原因で深刻なショックに陥るペットロス症候群になる人もいるという。確かに可愛がっていたペットがいなくなることは悲しく、寂しいものだ。

しかしいつまでも、その悲しみや寂しさを引きずっていたのでは生きていけない。つらいことではあるが、それを乗り越えなくてはならない。そのことを教えてくれたのが「プリンス」だ。力強く生きなければならないことを、愛犬との別れが静かに教えてくれた。

今でこそ、そうした境地に達しているが、正直なところ、その当時はさすがに毎夜のように「プリンス」のことを偲び、家内となぐさめあって涙した。15年間も一緒に暮らしてくれたことを今も感謝している。

身も心もニュートラルな状態になる

私も今年で70歳の古希を迎えた。おかげさまで健康で、どこも悪くない。仕事も変わりなく十分こなしている。近年は新しいテーマにも取り組んでいる。

そのひとつが「カンボジア」だ。この6年間で16回、カンボジアを訪れた。行くたびにカンボジアの奥深さに魅了されている。人は気を遣ってか「大変ですね」というが、あまり堅苦しく考えていない。私にしてみれば、カンボジアに行くことは、愛犬と一緒に暮らしていることと同じように癒されるからだ。現地の子供たちと遊んでいると本当に楽しい。行くたびにいろんな人と知り合って、人の輪が広がっていくのもうれしいものだ。

そしてカンボジアには、私が幼かった頃の光景がまだ残っている。内戦が終わり、10年が過ぎようとしているにもかかわらず、いまだその後遺症から抜け出せないでいる。特に子どもたちの生活環境や教育環境は劣悪な状況にある。戦後の厳しい現実と闘いながら、必死に生きようとする子どもたちの姿は、まさに私たちの世代が経験してきたことだ。内戦で疲弊したカンボジアの姿が他人事には感じられない。率直に語るなら、子供の頃の気持ちに戻れたり、あの頃の視線でものをみることができるから、癒されるのだろう。

もちろんカンボジアにも犬はいる。ペットかどうかは分からないが、子どもたちと遊んでいる光景をよく目にする。日本の犬に比べると放し飼いで少し痩せている。

現地に行くと、必ず日本語学校の生徒たちと交流を持つことにしている。その学校でも犬が歩き回っていた。

いろいろな人と出合ったが、苫小牧出身の荒井さんは、人身売買された子どもたちを保護するための施設を建設しようと現地で活動されている。私もそのサポート役を買って出ている。すでにシェムレアップ市には10ヵ所の孤児院がある。その11番目にしようというのだ。遺跡保護のために施設を建てられない土地もあり、条件が厳しくなってきているが、小学校の近くにある1ヘクタールの土地を現地スタッフと協力しながら購入した。2005年1月には施設も完成する。その時にはぜひペットとして犬を飼いたいと考えている。

人身売買されて性格がフリーズしてしまった子どもたちは、なかなか心を開いてくれない。しかし、犬に対してだったら心を開いてくれるかもしれない。そのことがきっかけとなって以前のような素直な子に成長してくれることを願っている。親に捨てられた子どもの気持ちを解きほぐすのは大変なことだが、まずは犬と会話できるようになればいいなと思う。子どもは本来素直だから、犬と遊んでいるうちに、心が癒されると確信している。つらい思いをした子どもたちをわれ

われ大人がいろいろと考えるより、ペットとコミュニケーションさせることのほうがずっと心が癒されるだろう。そのほうが自然だと思う。そのためにも孤児たちの施設を完成させて、うまく運営していかなければならない。

カンボジアには、これからも深く関わっていくことになりそうだが、カンボジアを訪れるたびに癒されているということは、精神的に楽になっているのだろう。地位や名誉や肩書きなどは、ここではいっさい関係ない。愛犬たちのように気楽に生活できる。そして、ものごとにもこだわらなくなる。

自宅近くの露天風呂にも、次のような言葉が書いてある。

「あるがまま、なにごとにもこだわらず、気楽な人生を歩みたいものだ」

カンボジアにもあまりに思い込みを強くすると続かない。できるだけ自分のペースで支援していこうと考えている。人はあるがままがいちばんいいと思う。自体がいちばんだ。愛犬たちからもそんな生き方を学んでいる。

ペットと一緒に暮らしていると、自然と波長をひとつにして生活している。不思議なことに理屈でものを考えないようになっている。理屈のない生活。これほど快適なものはない。身も心もニュートラルな状態になるのだ。それがペットと暮らす基本かもしれない。

愛犬は家族の一員だ！

これまでを振り返ってみると、さまざまな仕事の中で、常に目を見すえて「何か」をとらえ続けようとしてきた。しかし、気持ちをニュートラルにし、撮影する対象をあるがままの感覚で撮ると、結果としてこれまでにない写真が出来上がるようになった。知らず知らずのうちに愛犬と向かい合うような感覚で撮っているのかもしれない。

他界された写真家の秋山庄太郎先生は私の師であるが、先生も犬を飼っていた。女優の原節子さんの名前をいただいた「節子」という犬だった。秋山先生も愛犬と一緒に生活し、波長を同じにすることで撮影するときの技を極めていたのかもしれない。愛犬と接するように花の波長に合わせて撮っていたのかと思うと、秋山先生の写真が何を伝えたかったのかが、少し理解できるような気がする。優しさが写真に溢れている。写真には心が映し出されるのだ。

２００４年の夏は異常なほどの猛暑だった。しかし昼間のアスファルトの道を平気で犬を連れて散歩させているような人を見かけることがあった。犬にとって直接足に熱を感じるわけだから、大変なことだったに違いない。「勘弁してくれよ」とでもいいたそうな顔を犬たちはしていた。かといって犬に靴を履かせるわけにはいかないし、冷房のきいた家の中だけで飼うのもどうかと思う。夕方はまだ昼間の余熱が残っているから、犬を散歩に連れて行くのは、朝日が昇る時刻がいちばんいい。あけぼのの寂光の中で、植物が目覚め、鳥たちのさえずりが聞こえ、建物が揺らめきながら現れる時間帯だ。

犬を飼うようになってから、季節の移り変わりや自然環境のことも気にかけられるようになった。テレビでは新潟中越地震の救助活動が報道されている。おばあちゃんが犬をしっかり抱いて自衛隊のヘリコプターで救助されていた。悲惨な光景が映し出される映像の中で、ほっとさせられた瞬間であった。おばあちゃんにとって愛犬は人生のよき相棒であり、生きがいだったに違いない。倒壊しかけた家に置き去りにすることはできなかったのだろう。私もあのような事態に遭遇すれば、同じように愛犬を抱きかかえて避難していたと思う。私にとって愛する犬たちはペットというよりも家族の一員だからだ。

「虹の橋」で逢おうね

黒川さなえ

黒川 さなえ　*Kurokawa Sanae*

アマチュアミュージシャンとして、月に一度都内や関西方面でＬＩＶＥ活動を行っている。
母親の影響で地域猫の保護活動を続けており、現在家にいる動物は猫10匹・犬1匹・鳩1羽。猫の里親さんを随時募集中。
HP『さなえのえかきうた』URL

http://www.ismusic.ne.jp/sanaemon/

薄暗闇の中、光を探して歩く小さな可愛らしい影がありました。彼女の名前は「ぽち」、13歳のポメラニアンです。気がついたらこの暗闇の中をさまよっていた彼女の耳に、

「ぽち、一緒に散歩に行こうよ」

「ぽち、頑張って」

という涙交じりの声が遠くから聞こえてきます。彼女の大好きな家族の声でした。

「パパも、ママも、さなえおねぇちゃんも、千鶴おねぇちゃんも、どこに行っちゃったのかな？　何でこんな悲しい声で私を呼ぶの？　ここはどこ？　なんだか皆の声が、凄く懐かしく聞こえるのは、なぜなんだろう？」

遠くに行ってしまったのは彼女の方なのに、それにはまだ気がつくこと無く、自分を取り巻く闇を見回していると、ふと、自分がアジサイの中を歩いていることに気がつきました。

「わぁ！　綺麗！」

だんだん周囲がうっすらと明るくなり、今度はもっと懐かしい声が自分を呼んでいることに気がつきました。

「ぽち、久しぶりだね。君が来るのがわかったから、ずっとここで待っていたんだ」

彼は3年前まで一緒に生活をしていた、猫の「おじいちゃん」でした。

「あっ、おじいちゃん！　久しぶりだね。今までどこにいっていたの？」

ちぎれんばかりに尻尾を振って、彼の元に駆け寄り、懐かしさと再会の喜びを表現している彼女に、おじいちゃんは悲しい現実を話し出しました。

「ぽち、よく聞いてね。僕は3年前に皮膚の癌になり、それが元で体を失ってしまったんだよ」

「え？　体がなくなった？　でも、おじいちゃんここにいるじゃない？」

わけのわからないぽちは振っていた尻尾を止め、おじいちゃんの傍に座り、顔を覗き込みました。

「うん。ここにいるよね」

おじいちゃんも座り込みました。

「ぽち、僕らの周りに綺麗な花がたくさん咲いているのがわかるかい？」

さっきまではアジサイだけだったのに、気がつけば今は色とりどりの花が周りを覆っています。おじいちゃんは少し節目がちに話を続けました。

「生き物は死んでしまうと、残してきた人達から添えられた花の中を歩いて、生まれる前の世界に戻っていくんだって」

「え？　どういうこと？　じゃぁ…私が…死んじゃったってこと？」

初めて自分の状況がわかってきたぽちは、愕然としました。

「何言ってるの？　私はここにいるよ！　そんなの嫌だよ、おねぇちゃんが呼んでるもん、もっと抱っこしてくれるって言ってるもん、散歩に行こうよって聞こえるでしょ？　ママとこれからも一緒にねんねして、大好きな車に乗って、大きな公園で遊ぶって約束してたんだもん！」

「ぽち、僕も最初はそうだったよ。もっと皆と一緒に居たかった。君は僕が居なくなった時のこと、覚えている？」

急に質問され、パニックを起こしかけていたぽちは、別のことを考えるという一瞬の冷静さを取り戻しました。

「えっと…うん、ママに呼ばれて、おじいちゃんの傍に行ったけど、舐めても、つついても、おじいちゃんが反応してくれなくて…寝ているんだと思っていたけれど、おじいちゃんは箱にいれられて、そのままいなくなっちゃったんだ。皆凄く泣いていて、さなえおねぇちゃんなんて、1週間以上何も食べれなかったんだよ」

「そうだったね。だから、彼女を残していくのが凄く辛くて、皮膚の癌のせいで、目も見えず、耳も聞こえず、食べることも、水を飲むこともできなくなった状態でも、一生懸命頑張ったんだ。

彼女、血だらけになった僕を抱えて、毎晩泣いていた。僕が上を向くと、彼女は顔をそらして、泣いてないふりをしていたけれど、僕にはわかった。そして、ごめんねって、謝るんだよ。

僕を見て、血だらけで汚いといって嫌な顔をする人だっていたのに、耳がほとんど聞こえなくなった僕に口を押し当てて、振動で聞こえるように話をしてくれるんだ。

おじいちゃんは世界一可愛いよ。おじいちゃんと一緒に居られることが、何よりも幸せだよ。だから一緒に頑張ろうね。病気に気がついてあげられなくてごめんねって…。

僕が一番最初に、危篤状態になった時、千鶴が泣きながら皆に電話をしてくれて、ママが、会社から慌てて帰ってきてくれた。しばらく千鶴が一生懸命体をさすって温めてくれて、ママも傍で一生懸命話しかけて頭をなでてくれていた。この人達ともっと一緒に居たいと思いながら、意識が遠ざかっていったんだ。

でも、僕はさなえが泣きながら帰ってきた時に、もっと頑張らなきゃいけないっていう使命感に駆られた。だって酷かったんだよ！　号泣しちゃって、僕がこのまま死んじゃったら、彼女きっと、立ち直れない。だからせめて、彼女がもっと強くなれるまで傍に居ようと思ったんだ」

黙って聞いていたぽちも、そのときの状況を思い出し、思わず声を上げました。

亡くなる1週間前のおじいちゃんと
骨折した私

「そうだったね！　さなえおねぇちゃんが帰ってきて急に、それまでずっと痙攣していたおじいちゃんが、突然ふっと起き上がって、さなえおねえちゃんに擦り寄ったんだ！」

「うん、まだ一緒に居てやらなきゃ駄目だなって思ったら、千鶴にさすってもらったおかげもあって、体が急に動くようになったんだ。

その直後、さなえは足を骨折して、僕がここに来るまでの間、２ヶ月間、自宅療養の彼女と毎日一緒に居ることができた。きっと、神様が時間をくれたんだね。彼女もそういって、骨折しているくせに喜んでいたよ。

いつも明け方発作が起こる僕を気にして、寝ないで体をなでてくれたんだ。昼間はさなえの代わりにママが面倒を見てくれて、体をさすってくれた。千鶴は子供が生まれたばかりで大変だったにもかかわらず、ちゃんと僕の様子を見に来てくれていた。パパは忙しかったせいもあって、なかなか会えなかったけどね。

でも、僕が何も食べなくなって10日が過ぎた頃、ママがこう言ったんだ。

おじいちゃん。さなえはあなたのおかげで大分強くなったよ。だから、苦しいのを無理して生き続けるのではなく、自分が辛くない道を考えてね。

さなえも泣きながらうなずいた。そして、こう言ったんだ。

おじいちゃん。おじいちゃんが自分で、（まだ平気だから、さなえと皆と一緒にいたい）と思って頑張ってくれているなら、私はこのまま会社を辞めてでも、あなたの傍に居るよ。でも、苦しいのに必死に私達のためだけに生きようとするのは駄目。

おじいちゃんは優しいよね。私のライブのビデオを流すと、ＴＶに駆け寄っていき、ブラウン管を手でつついてみたり、私が病院に行って、帰ってくると必ず玄関で待っていてくれたり…もう歩くのだってきついくせに。

私は、この２ヶ月間ずっとおじいちゃんと朝晩一緒に生活できて、本当に強くなれた気がするよ。おじいちゃんのおかげだよ。おじいちゃんのおかげで、本当の優しさを理解できた。おじいちゃんのおかげで、一生懸命生きることを理解できたんだ。本当に、ありがとう。

僕はなんだか、凄くほっとしたんだ。あぁ、良かった。彼女も家族も、もう僕が居なくても大丈夫だなって、そう思えたら、とても心が温かくなったんだ。

結局僕は、その日の明け方に２回目の痙攣が始まり、さなえの腕の中で意識を失い、その後は今の君と同じ、突然の暗闇と、そして遠くから聞こえる皆の声。

君は、思い出せるかな？　君が体から離れる前のことを…」

最初は何がどうなったのか、わけがわからずにいたぽちも、今の状況をうっすらと理解することができていました。徐々にその瞬間の情景が頭の中に浮かんできます。

「私は…ソファーの下で寝ていたの。そうしたら急に体の力が抜けていって…わ

心臓が悪かったので
毛をカットされた
不機嫌なポチ

けがわからず、とりあえず歩いてみたの。そうしたら、足が動かなくなって、その場に倒れてしまったの。その後ママと千鶴おねぇちゃんが、元気が無いんだと思って、気分転換にと外に連れ出してくれたんだけど、やっぱり歩けなくて…ママが、外に出ていたさなえおねぇちゃんに電話して、おねぇちゃんが帰ってきた時には、もう、目しか動かせなくて…。

おねぇちゃんは慌てて救急病院を探してくれたんだけど、どこも開いてなくて、仕方なく、近所の病院に連れて行ってくれたの。そこの病院、あまりいい噂を聞かないと言っていたんだけど…でも、凄く一生懸命診てくれたんだよ！　素敵な先生だった。

必死に状況を先生に伝えるママと、さなえおねぇちゃんの話を聞くか聞かないかの内に、私を診察台に乗せてくれて、いろんな機械を体につけてくれた。目は見えるし、耳も聞こえるから、ママとさなえおねぇちゃんの声に一生懸命答えたくて、瞬きをするんだけど、どんどん体が動かなくなって…。

ずっと心臓が悪くて咳が止まらなかったんだけど、今回は心臓ではなく、脾臓にできていた腫瘍が大きくなりすぎて、突然破裂しちゃったって先生が言っていたよ。それのせいで、体に血がいかなくなっちゃって、動けなくなっちゃって…。

二人は、手術して治すことはできないのか？　とか、このまま動けない状態でも、一緒にいたいんだ！　って、先生に訴えていたけれど、先生はそれは無理だって。今手術をすれば、そのまま命を失うって。このまま峠を越えるのを待つしかないんだって。結局、越えられなかったんだね。私…」

うつむいたぽちに、おじいちゃんは優しく話しかけました。

「僕も、実はその瞬間を見ていたんだよ。君は30分近くも心臓マッサージを受けていた。とっても辛かったと思うよ。なのに、よく頑張ったね、ぽち。もう少し歩こうか」

ぽちは頷き、二人はゆっくりと歩き出しました。

「さなえもママも、こんなに突然、君とのさよならが来るとは思っていなくて、頑張って欲しいといっていたけれど、動けない状態で、生き続けていくことの辛さを、今理解したみたいだよ。看病しているものよりも、されている方の辛さを、今は一生懸命考えようとしている。ほら、聞こえるだろ？　君に話しかけている皆の声が」

耳を澄ますと、悲しみから立ち直ろうとする皆の声が、風に乗って聞こえてきました。

「ぽち、ありがとう。私達の家に来てくれて、家族になってくれて本当に、ありがとう。また絶対会えるよね？　また、必ず会おうね」

ぽちはまた座り込みました。

「また会おうって、どこで？　もう会えないじゃない。このまま永遠に、さよならするしかないじゃない」

おじいちゃんが、今までよりももっと優しい声で話しかけました。

「ここからもう少し先に行くと、大きな湖があってね、そこ、凄いんだよ！　皆の姿が映し出されるようになっているんだ。だから、僕はずっと彼女達のことを、そこから見守り続けているんだ。何かあれば、話しかけることもできるんだよ。気がついてもらえないことも多いけれど、なんとなく懐かしくなったり、なんとなく思い出してくれたり、うまく行けば夢の中で会うこともできるんだ。だから君のことを迎えに行くこともできたんだよ。ほら、頑張って！　もう少しでその湖に辿り着くからね」

うなだれてノロノロと歩き出したぽちに、おじいちゃんはさらに言葉を続けました。

「それに、僕らが来るよりずっと前にあの家族と一緒に生活をしていた子達もいるから、ちっとも寂しくなんか無いんだよ。もちろん僕もいる。ほら、ついたよ！」

　ぽちが顔を上げると、目の前に七色に光る大きな湖が広がり、その光が空へと流れ出し、大きなスクリーンのように、家族の現在の状況を映し出していました。

　皆が涙で泣き腫らした顔で、自分に向かって話しかけています。

「ぽち、いつでも一緒だよ。寂しがらないで、きっとおじいちゃんも一緒にいるよね？　他の子達も、きっと一緒にいるよね？　寂しくなんか無いんだよ、だから私達のことを、絶対に待っていてよ？　あなたが幸せだったかどうか、きっとずっと、悩み続けると思う。だけど、これだけは言える。私達は、あなたに出会えて、本当に幸せでした。ありがとう」

　ぽちは急に笑い出しました。

「あんなこと言っているよ！　私達が幸せじゃなかったはずがないじゃない！」

　おじいちゃんも笑い出しました。

「そうだね！　人間って本当に面倒な考えを持っているよね！　ぽち、僕達がいなきゃ彼女達心配だからさ、ここでずっと、見守り続けてあげようね！

実はここはね、今まで生活してきた愛する人たちと、再会できる場所なんだよ。ほら、すぐそこに虹があるだろ？　あれは、生き物がその生を終えた後、天国と呼ばれている、生まれる前の世界に向かうための橋なんだ。だから絶対に会えるんだよ！

それに、地上と違って、こちらは時間のスピードが違うんだって！　だから、そんなに長い間待つわけじゃない」

「へぇ！　じゃぁ、ここにいれば必ず再会できるんだね！　また、ママやパパや

ガンの初期のおじいちゃんと
公園に遊びにきた
母とぽちと私

おねぇちゃん達とお散歩したり、抱っこしてもらったりできるんだね！」

　気がつくと、周りを鳥やウサギやリス。それに猫や大きな犬達が、仲良く走り回っていました。

「僕らも遊びに行こうよ！　皆に君を紹介するから！」

「うん！」

　二人は皆の中に入っていきました。周りの動物たちもすぐに彼女を迎え入れ、皆そろって幸せそうに、七色の光に映し出された家族を見ました。

「ず～っと待ってるよ！　だから安心して一生懸命生きて！　そして時が来たら、また昔のように仲良くお話をしようね！　この、虹の橋で！」

「虹の橋」で逢おうね
原稿募集

犬好き・猫好き・動物好きの方々の
原稿を募集します。
原稿が集まり次第、単行本にまとめます。
読者の方々の動物との忘れられない思い出、
悲しい別れ、癒やされたこと、
不思議な出来事……など、
あなたと動物との貴重な体験、
エピソード等をお寄せください。

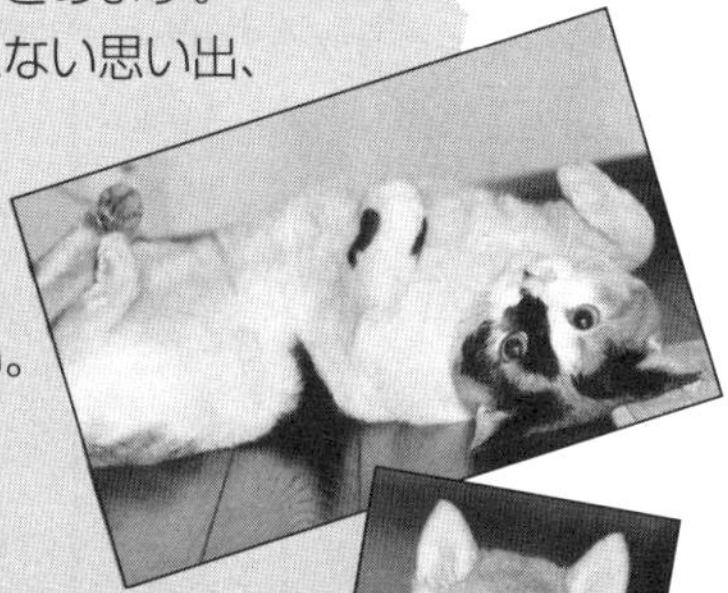

●原稿量
400字詰め原稿用紙10枚前後相当。
（ご返却しませんのでコピーをお送り下さい）
●締め切り
随時受けつけております。
●謝礼
ご採用させていただく方には謝礼を差し上げます。
●送り先
下記宛てに、住所・氏名・連絡先を明記の上お送り下さい。
〒150-0036 東京都渋谷区南平台町3-13　渋谷ＳＴビル4Ｆ
(株)イーグルパブリシング　「虹の橋」原稿係

「虹の橋」で逢おうね

2005年2月5日
初版第1刷発行

編者　イーグルパブリシング編集部
発行人　藤森英明
発行所　株式会社イーグルパブリシング
〒150－0036　東京都渋谷区南平台町3－13渋谷ＳＴビル４Ｆ
ＴＥＬ03－3463－7295
ＦＡＸ03－3463－7367
印刷所　ダイトー

本書の利益の一部を動物愛護団体に寄附致します。

ISBN4-86146-045-X

イーグルパブリシングのホームページ
http://www.tp-ep.co.jp/